水利水电建筑工程高水平专业群工作手册式系列教材

项目管理软件应用实训

主　编　闫国新

主　审　梁建林　王飞寒

中国水利水电出版社
www.waterpub.com.cn
·北京·

内 容 提 要

本书是水利水电建筑工程高水平专业群工作手册式系列教材，是根据职业院校双高建设项目要求编写而成。全书共有5个学习任务，主要内容为项目管理软件入门、项目管理软件进度管理、项目管理软件资源和费用管理等。

本书可供高职高专水利类水利水电建筑工程、水利水电工程技术、水利水电工程智能管理、水利工程等专业教学使用，也可供水利类相关专业教学使用及相关专业工程技术人员学习参考。

图书在版编目（CIP）数据

项目管理软件应用实训 / 闫国新主编. -- 北京 : 中国水利水电出版社, 2022.5
水利水电建筑工程高水平专业群工作手册式系列教材
ISBN 978-7-5226-0684-2

Ⅰ. ①项… Ⅱ. ①闫… Ⅲ. ①水利水电工程－工程项目管理－应用软件－高等职业教育－教材 Ⅳ. ①TV5

中国版本图书馆CIP数据核字(2022)第077111号

书　　名	水利水电建筑工程高水平专业群工作手册式系列教材 **项目管理软件应用实训** XIANGMU GUANLI RUANJIAN YINGYONG SHIXUN
作　　者	主编　闫国新 主审　梁建林　王飞寒
出版发行	中国水利水电出版社 （北京市海淀区玉渊潭南路1号D座　100038） 网址：www.waterpub.com.cn E-mail：sales@mwr.gov.cn 电话：（010）68545888（营销中心）
经　　售	北京科水图书销售有限公司 电话：（010）68545874、63202643 全国各地新华书店和相关出版物销售网点
排　　版	中国水利水电出版社微机排版中心
印　　刷	天津嘉恒印务有限公司
规　　格	184mm×260mm　16开本　6.75印张　164千字
版　　次	2022年5月第1版　2022年5月第1次印刷
印　　数	0001—2000册
定　　价	**28.00**元

前言

本书是贯彻落实《国家职业教育改革实施方案》（国发〔2019〕4号）、《国家中长期教育改革和发展规划纲要（2010—2020年）》、《国务院关于加快发展现代职业教育的决定》（国发〔2014〕19号）和《水利部教育部关于进一步推进水利职业教育改革发展的意见》（水人事〔2013〕121号）等文件精神，编写的工作手册式系列教材。

本书以工程项目为载体，共划分为5个工作任务，内容包括水闸项目管理软件应用、土石坝项目进度管理软件应用、重力坝工程成本管理软件应用、航道整治项目管理软件应用和建筑工程项目管理软件应用等。主要特点：基于工作任务构建框架体系，5个教学任务的内容由简单到复杂，形式按照工作流程，突出学生的软件操作技能和应用。在编写过程中，注重关键路径法（CPM）和赢得值（EV）两大理论，任务驱动注重实践能力，与职业技能等级考试相对接，具有先进性、实用性。

本书编写人员及编写分工如下：黄河水利职业技术学院闫国新编写工作须知和工作任务1、工作任务2和工作任务3，开封市柳园口灌区管理所靳玮编写工作任务4，西安普华春天应用软件技术有限公司张克强编写工作任务5。本书由闫国新主编，靳玮和张克强担任副主编，由黄河水利职业技术学院梁建林教授、王飞寒教授任主审。

本书在编写过程中，得到了各院校的专家、教授的支持、帮助，同时，参考了不少相关资料、著作、教材，对提供帮助的同仁及资料、著作、教材的作者，在此一并致以诚挚的谢意！

由于编者水平有限，书中难免存在错漏和不足之处，恳请广大师生及专家、读者批评指正。

编者

2022年3月

目　录

工作须知

1. 课程性质

“项目管理软件应用实训”是一门基于工作过程开发出来的学习领域课程，是水利水电建筑工程、水利水电工程技术、水利水电工程智能管理等专业的职业核心实训课程。

2. 课程目标

通过本课程的学习，学生应该具备以下能力：

（1）正确设置项目管理软件的基本参数。

（2）利用项目管理软件进行进度管理。

（3）利用项目管理软件进行资源和费用管理。

（4）准确输出相应的成果（进度图、费用表等）。

3. 工作项目（任务）

学习任务的设计体现企业典型的工作任务。本教材项目管理软件应用按照由简单到复杂，由水利行业到其他建筑领域，划分为 5 个典型工作任务，即 5 个工作项目。

（1）水闸项目管理软件应用（入门篇）。

（2）土石坝项目进度管理软件应用（进度篇）。

（3）重力坝工程成本管理软件应用（成本篇）。

（4）航道整治项目管理软件应用（拓展篇）。

（5）建筑工程项目管理软件应用（拓展篇）。

4. 组织形式

本课程提倡行动导向的教学。基于工程项目，按照咨询—计划—决策—实施—检查—评价等步骤，进行组织教学，以学生为中心，学生在合作中完成工作任务。组织形式见图 0.1。

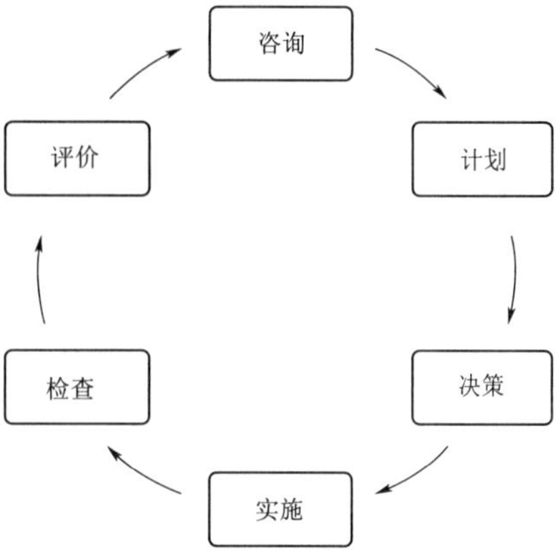

图 0.1　组织形式

5. 进程安排

“项目管理软件应用实训”课程学习情境设计见表 0.1。根据课程要求可选择 5 个学习任务中的 3～5 个作为教学任务，其中带△的任务是必选的。

6. 成果要求

提交《项目管理软件实训总结报告》1 份，不少于 5000 字。内附实训成果图 5 张，包括：

附图 1　水闸进度计划图（A4 彩图 1 张）。

表 0.1　　学习情境设计表

序号	学习任务	学习任务简介	学时
1	水闸项目管理软件应用△	1. 项目管理软件简介 2. 项目管理软件参数设置 3. 建立企业项目结构 EPS 4. 创建项目 5. 创建 WBS 6. 增加作业（含逻辑关系）	1天
2	土石坝项目进度管理软件应用△	1. 进度计划优化 2. 项目进度计划生成（目标） 3. 项目实际进度跟踪 4. 项目进度预测和调整 5. 项目信息的组织和发布	1周
3	重力坝工程成本管理软件应用△	1. 项目进度计划生成 2. 定义资源库 3. 估算作业资源需求计划 4. 生成资源直方图 5. 跟踪资源的实际使用量 6. 作业表格查看费用 7. 作业直方图查看费用 S 曲线 8. 生成费用报表 9. 项目信息的组织和发布	1周
4	航道整治项目管理软件应用	利用软件进行进度和成本控制	0.5周
5	建筑工程项目管理软件应用	利用软件进行进度和成本控制	0.5周

注　△为必选任务。

附图 2　土石坝进度计划图（A4 彩图 1 张）。

附图 3　重力坝进度计划图（A4 黑白图 1 张）。

附图 4　重力坝混凝土浇筑柱状图（A4 彩图 1 张）。

附图 5　费用计划表（A4 黑白图 1 张）。

附图 6　赢得值分析图（A4 彩图 1 张）。

7. 考核评价

考核评价主要用于教师对学生每个学习任务完成情况进行评价。本课程考核评价表，见表 0.2，由每个学习任务汇总形成。

表 0.2　　学生实训成绩汇总表

学号	姓名	学习任务 1		学习任务 2		学习任务 3		总评
		分值	权重（30%）	分值	权重（30%）	分值	权重（40%）	

8. 参考资料

（1）何丰. 从 Primavera（P3e/c）学习项目管理［M］. 北京：中国建筑工业出版

社，2007.

（2）沈雄伟. Primavera（P3e/c）应用指导（水电篇）［M］. 北京：中国建筑工业出版社，2007.

（3）林则夫. 项目管理软件应用［M］. 北京：机械工业出版社，2008.

（4）梁建林，等 . 水利水电工程施工项目管理实务［M］. 郑州：黄河水利出版社，2015.

（5）GB 50501—2007　水利工程工程量清单计价规范［S］

（6）中华人民共和国水利部. 水利水电工程标准施工招标文件（2009 年版）［M］. 北京：中国水利水电出版社，2009.

（7）SL 303—2017　水利水电工程施工组织设计规范［S］

工作任务1　水闸项目管理软件应用（入门篇）

1.1　工作任务

某水闸工程作业明细表见表1.1。安装项目管理软件，按照项目管理软件数据架构要求编制该水闸的项目进度计划表。项目开工时间为2021年2月15日，项目的总工期180天。

表1.1　　水闸工程作业明细表

WBS	作业名称	作业代码	紧前工作	持续时间/天
建筑工程	基坑开挖	A1000		30
	闸底板施工	A1010	A1000	20
	闸墩施工	A1020	A1010	100
	桥面板预制	A1030	A1000	50
	桥面板吊装及面层铺装	A1040	A1030，A1060	30
安装工程	闸门制作	A1050		100
	闸门安装	A1060	A1020，A1050	5

1.2　工作目标

（1）掌握项目管理软件基本概念。
（2）掌握项目管理软件安装步骤。
（3）能够设置项目管理软件参数。
（4）能够建立企业项目结构EPS、创建项目、创建WBS和增加作业。
（5）优化进度计划，生成项目进度计划。
（6）能够组织和发布项目信息。

1.3　任务分组

按照表1.2填写任务分组。

表 1.2 学生任务分组表

班级		组号		指导老师	
组长		学号			
组员					
任务分工					

1.4 获取信息（引导问题）

引导问题1：项目管理软件 P6 的主要特点是什么？

引导问题 2：项目管理软件 P6 的数据架构是什么？

引导问题 3：作业之间的逻辑关系有哪些类型？

1.5 工作计划

按照收集的信息，制订水闸项目软件管理的计划。利用流程图画出工作计划图。

1.6 进度决策

由教师带领学生使用项目管理软件对进度控制任务实施方案进行确定，为任务的实施做好准备。

1.7　工作实施

按照项目管理软件的操作步骤完成相关任务。

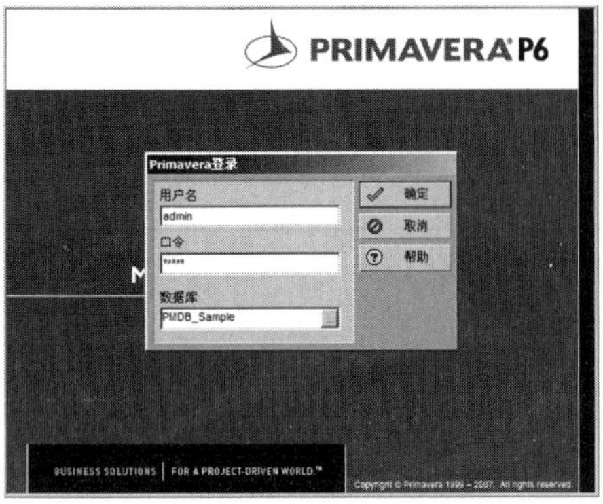

图 1.1

【步骤 1】　登录项目管理软件。

启动 Project Management（PM）程序，输入用户名（admin）和密码（admin），登录 PM，如图 1.1 所示。

【步骤 2】　设置软件的基本参数。

设置语言：在登录界面，语言栏选择语言种类，如图 1.2 所示。

设置日期格式：选择菜单“编辑⇒用户设置”，在弹出窗口中，设置日期格式，如图 1.3 所示。

也可以设置时间单位、货币种类等。

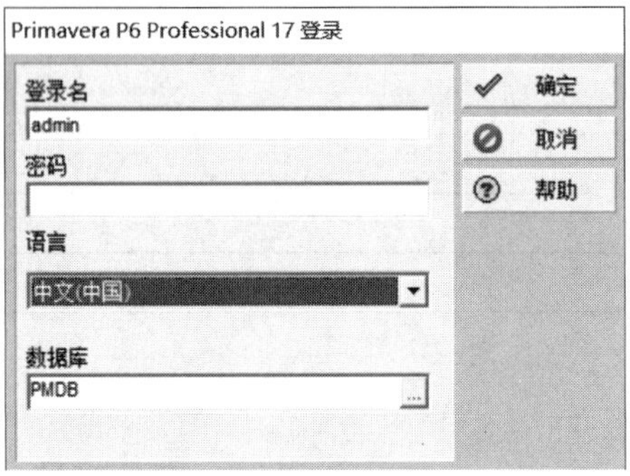

图 1.2

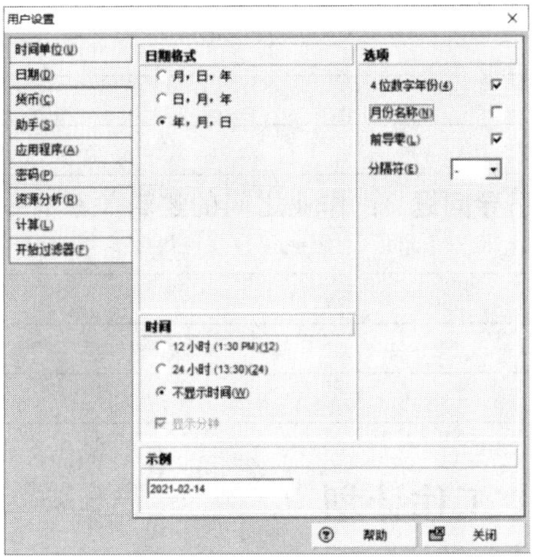

图 1.3

【步骤 3】　创建企业项目结构（EPS）和项目。

选择菜单“企业⇒EPS”，在弹出窗口中，创建企业项目结构，如图 1.4 所示。其表格视图如图 1.5 所示。

选择菜单“企业⇒项目”，切换到项目表格窗口，在对应的项目类型（EPS）节点下创建项目，填写项目代码和项目名称，如图 1.6 所示。在项目详情表中填写项目的计划开始时间（图 1.7）。

【步骤 4】　创建 WBS。

打开 Sluice 水闸建设项目（图 1.8）。

选择菜单“项目⇒WBS”，切换到工作分解结构（WBS）窗口，为“水闸项目进度计划编制”建立 WBS 编码和结构（图 1.9）。

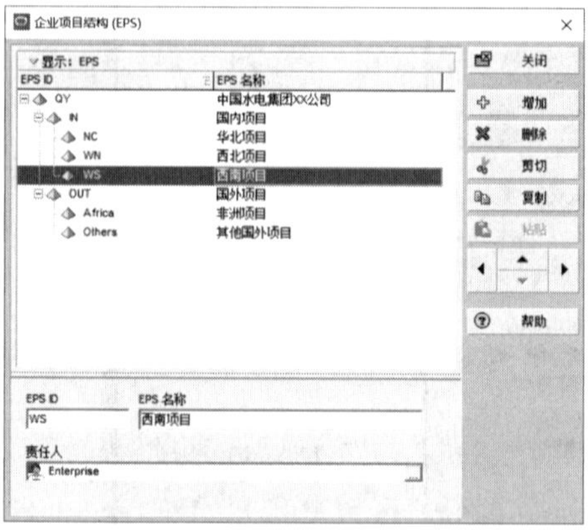

图 1.4

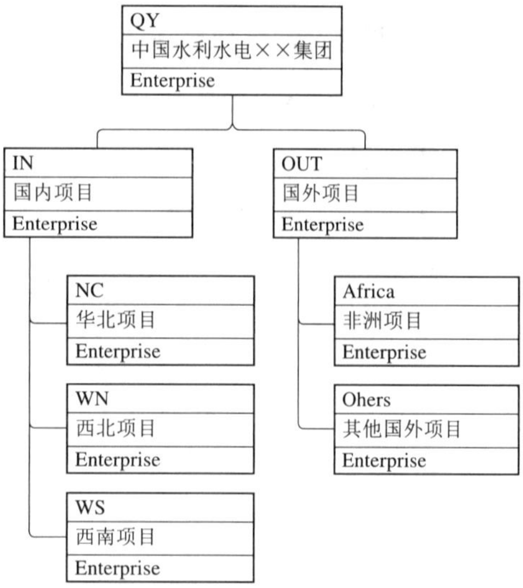

图 1.5

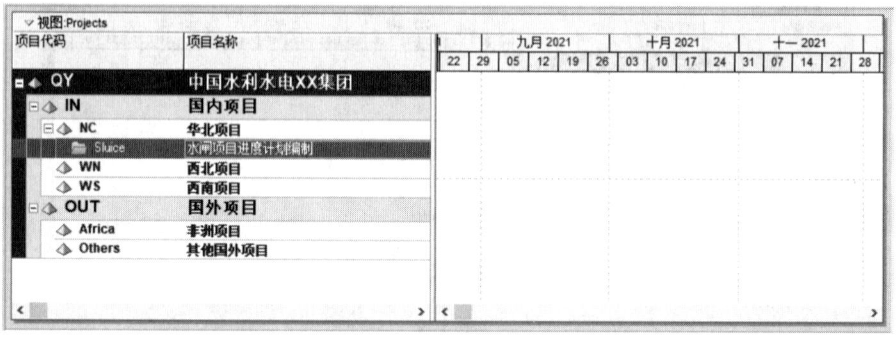

图 1.6

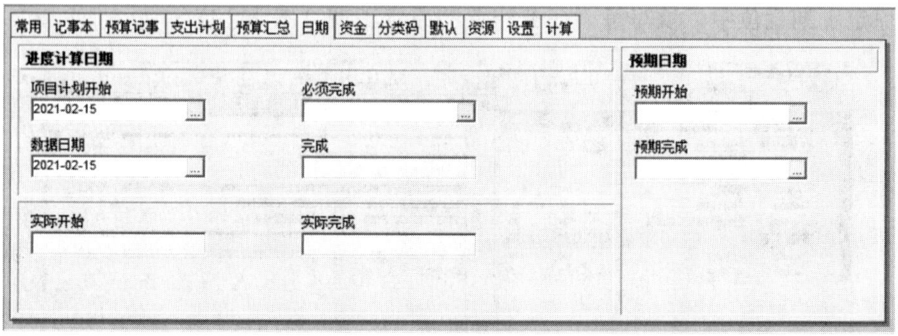

图 1.7

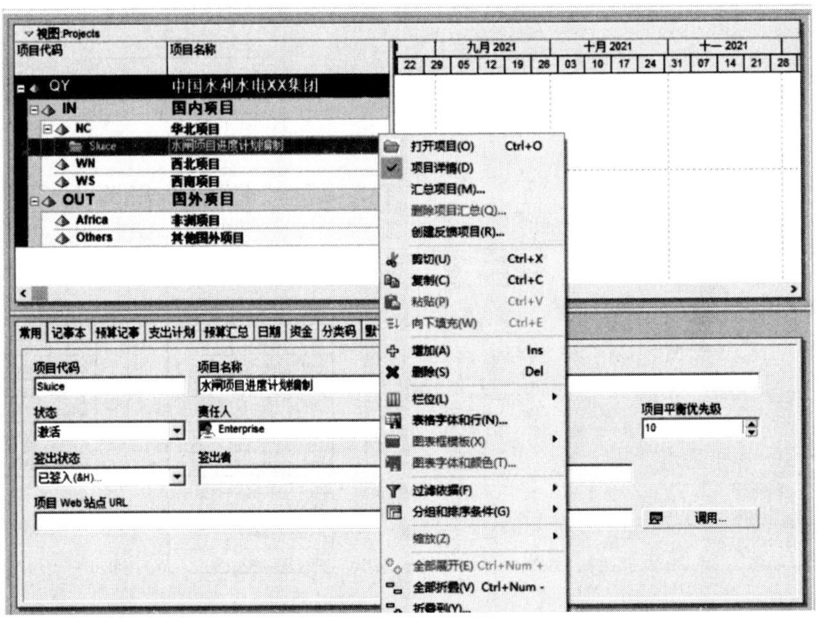

图 1.8

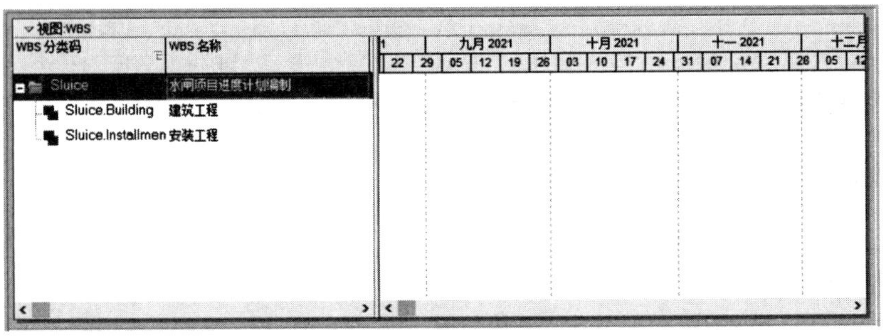

图 1.9

【步骤 5】 增加作业，建立逻辑关系。

选择菜单“项目⇒作业”，切换到作业窗口，为每个 WBS 增加相关的作业。

在原定工期栏位中，填写每个任务作业的原定工期（图 1.10）。

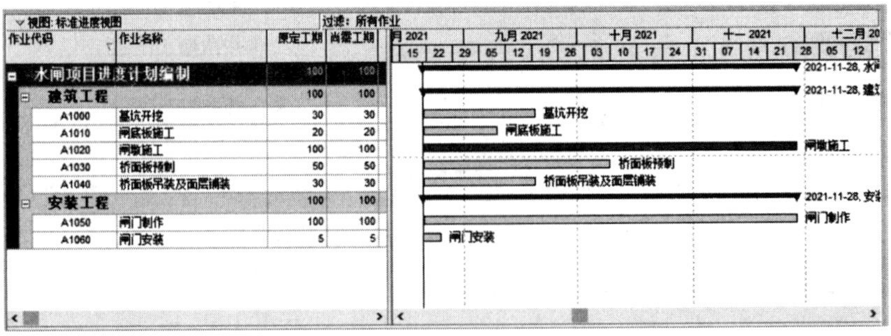

图 1.10

在作业的“紧前作业”栏位中，为每一道作业选择它的前序工作（图 1.11）。

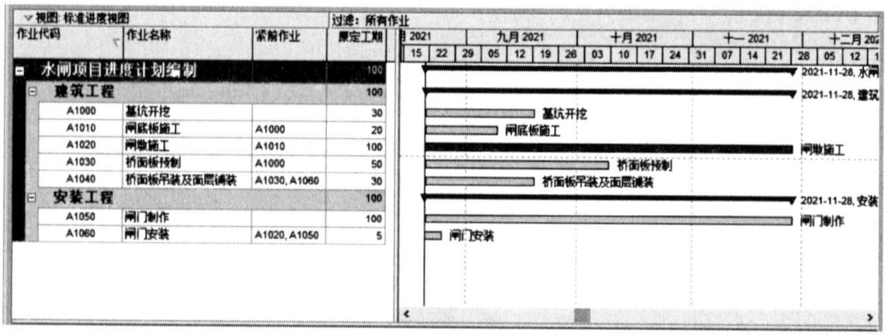

图 1.11

【步骤 6】 优化进度计划，输出进度图。

选择菜单“工具⇒进度计算”，生成初步的横道图（图 1.12）。

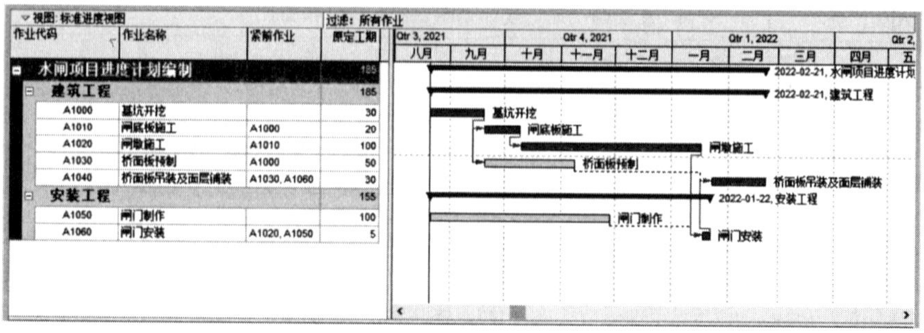

图 1.12

选择菜单“文件⇒打印预览”，生成进度计划图，另存为图片。通过“页面设置”可设置页眉和页脚，以及打印范围（图 1.13）。

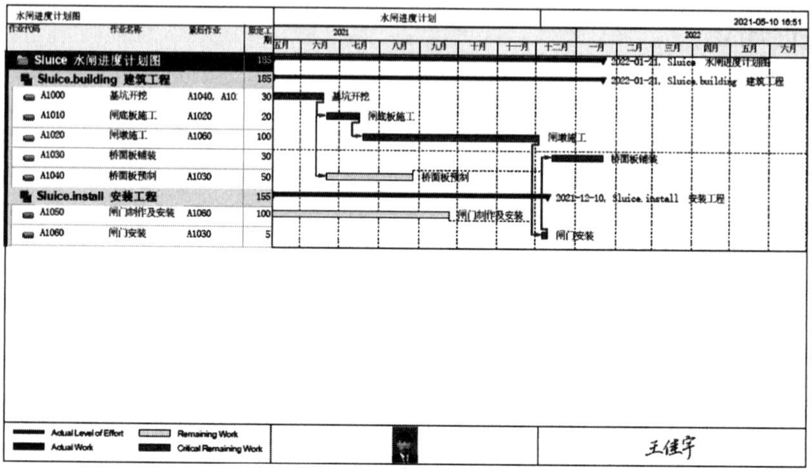

图 1.13

1.8　评价反馈

评价包括学生自评（占50%）和教师评价（占50%）两部分，学生自评表和教师评价表见表1.3和表1.4。

表1.3　　学 生 自 评 表

班　级		姓　名		学　号	
学习任务1	水闸项目管理软件应用				
评价项目	评　价　标　准			分值	得分
①软件登录	利用账号快速登录，熟练设置基本参数			20	
②创建EPS—项目	熟练利用软件创建企业项目结构和创建项目			20	
③创建WBS—作业	熟练录入工作分解结构，建立正确的作业关系			20	
④优化进度计划	快速利用限制条件，生成最优进度计划			20	
⑤生成相关图表	准确生成进度计划图、实际进度执行图			20	
合　计				100	

表1.4　　教 师 评 价 表

班　级		姓　名		学　号	
学习任务1	水闸项目管理软件应用				
评价项目	评　价　标　准			分值	得分
①平时表现	出勤、课堂表现			40	
②成果评价	生成进度计划图、相关报告			30	
③小组表现	团队合作完成任务			30	
合　计				100	

1.9　相关知识点

1.9.1　项目管理软件P3E/C简介

P3E/C（primavera project planner for the enterprise or corporation）软件由美国Primavera公司开发，集合了30多年来P3软件作为工程项目管理国际标准的精华，采用最新的IT技术，是在大型关系型数据库Oracle或MS SQL Server上架构起现代项目管理知识体系的、具有高度灵活性和开放性的、以计划—协同—跟踪—控制—积累（计划编制、进度优化、协同行进、跟踪控制、业绩分析、经验积累……）为主线的企业级工程项目管理软件，将现代项目管理思想演绎为可操作步骤，使跨国公司、集团公司、大型工程业主、工程建设管理公司和工程承包单位都能实现高水平的项目管理。P3E/C软件经过几十年的发展，已由原来的P3 2.0发展到P6 6.1（P3 2.0→P3 3.0→P3 3.1→P3E/C 3.5.1→P3EC 4.1→P3EC 5.0→P6 6.0→P6 6.1）。

1.9.2 项目管理软件 P3E/C 数据框架

P3E/C 软件数据框架如图 1.14 所示。

1.9.2.1 企业项目结构 EPS（enterprise project structure）

EPS 可对企业内所有项目进行层次化排列，反映出企业对项目进行分类管理与控制的方式。具体案例见图 1.15。

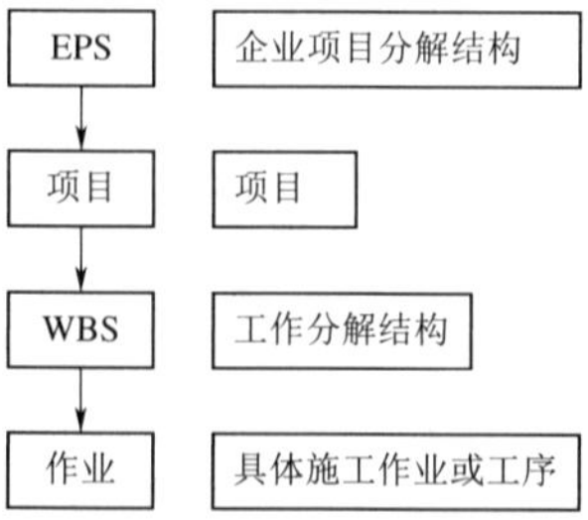

图 1.14

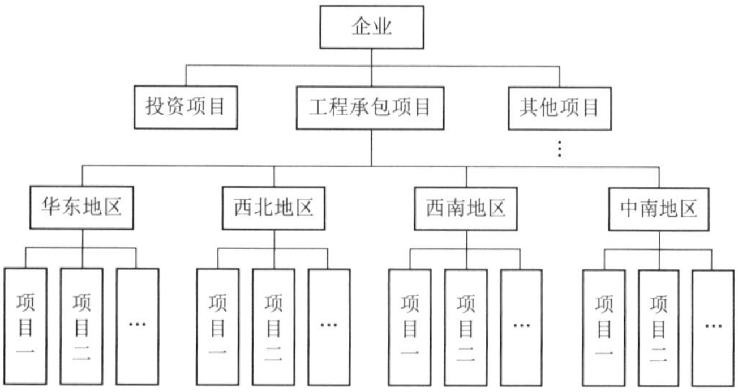

图 1.15

1.9.2.2 工作分解结构 WBS（Work Breakdown Structure）

在项目实施过程中，WBS 是一种对项目范围逐级分解的层次化结构。P3E/C 将 WBS 的根结点设置为项目名称（即项目为 WBS 结构的根结点）（见图 1.16）。WBS 相当于进行项目划分，是至关重要的一步。水利水电工程项目划分可以根据水利部水总〔2002〕116 号文，或《水利工程施工质量检验与评定规程》（SL 176—2007），或《水利工程工程量清单计价规范》（GB 50501—2007）进行。要遵循的原则是 100%原则。

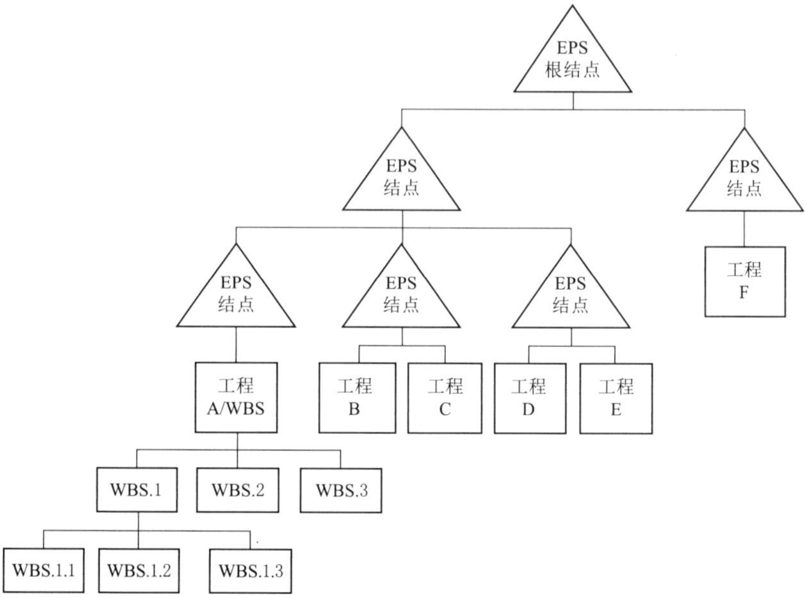

图 1.16

1.9.2.3 项目基本工作单元

项目计划中最详细的工作量跟踪，是指完成项目所必须要发生的任务。水利水电工程中的单元工程可以认为是作业，比如某段土方开挖、石方开挖，以及某仓位混凝土浇筑等。对于作业来讲，主要的是确定工作时间和作业之间的逻辑关系。

1.9.3 施工项目管理的组织

水利工程项目的实施除了项目法人方外，还有设计单位、施工单位、供货单位和工程管理咨询单位，以及有关的政府质量与安全监督部门等。项目组织管理应注意表达项目法人以及项目参与单位有关的各工作部门之间的组织关系。

对施工单位施工项目部的组织结构进行分解，并用图的方式表示，就形成项目组织结构图，可反映一个组织系统中各组成部门（组成元素）之间的组织关系（指令关系）。在组织结构图中，矩形框表示工作部门，上级工作部门对其直接下属工作部门的指令关系用单向箭线表示。常用的组织结构模式包括职能组织结构（图1.17）、线性组织结构（图1.18）和矩阵组织结构（图1.19）等。

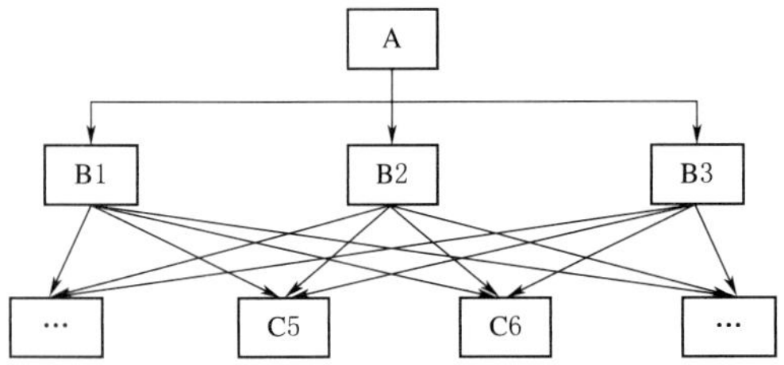

图1.17

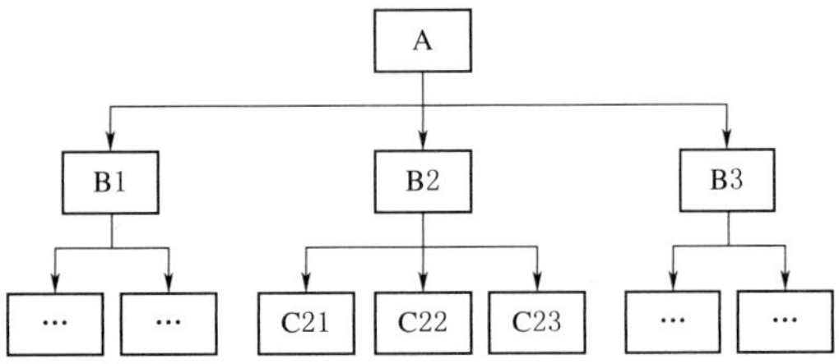

图1.18

职能组织结构中，A为项目负责人，B为职能部门，可以按专业和管理目标分别设置，如质量管理部、安全管理部、财务部、技术部、合同信息部等。C为现场作业队或施工班组，一般按工种划分。

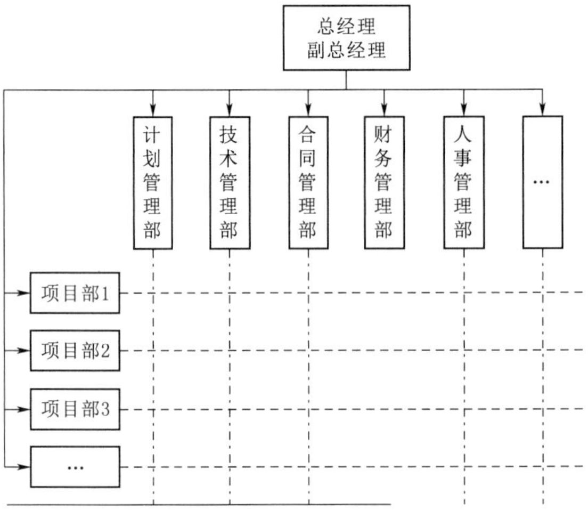

图1.19

线性组织结构中，B通常是专业队伍，C为各个工段（班组）。该组织模式机构简单、权力集中、命令统一、职责分明、决策迅速、隶属关系明确。缺点是“个人管理”，一般专业性不强的工程可以采用此模式。

矩阵组织结构加强了各职能部门的横向联系，具有较大的机动性和适应性，把上下左右集权与分权实行最优的结合，有利于解决复杂难题，更适宜于国际工程事业部管理。

1.9.4 水电建设项目管理软件的应用模式

建设工程项目的全生命周期包括项目的决策阶段、实施阶段和使用阶段。建设工程项目管理的时间范畴是建设工程项目的实施阶段。按照建设工程项目不同参与方的工作性质和组织特征划分，结合水利水电工程的建设特点，水电建设项目管理软件的应用模式包括业主角度和其他参建方角度两种模式。

1.9.4.1 项目法人管理整个水电项目（类似项目总承包或业主方项目管理）

其组织机构如图 1.20 所示。业主（或管理公司）组织软件的购置和应用规划，提供软件端口给项目参建单位使用，利用软件收集信息，进行全面管理。

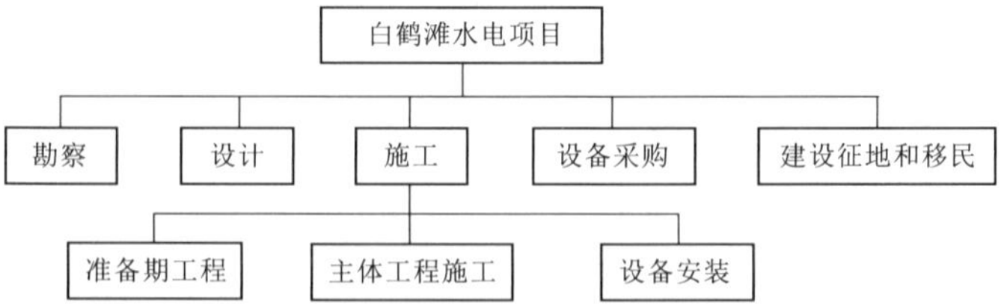

图 1.20

该模式在项目管理软件中的 EPS 设置见图 1.21。

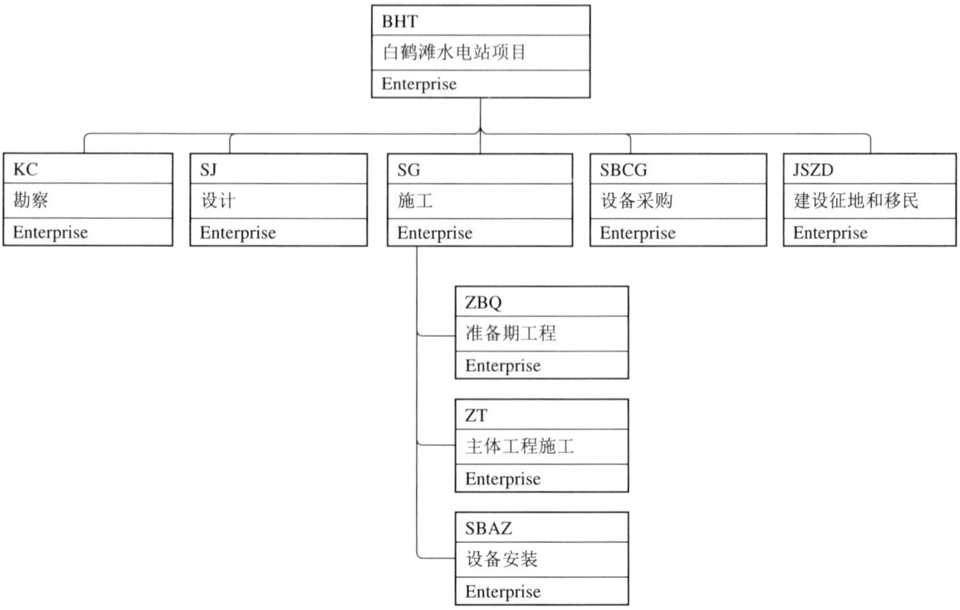

图 1.21

1.9.4.2 施工单位/设计单位等进行项目管理

其组织结构见图 1.22。施工或设计等企业内部购置软件进行规划应用，软件服务器在企业总部，提供端口给各标段项目使用，企业总部根据各标段收集的信息，了解其执行情况。

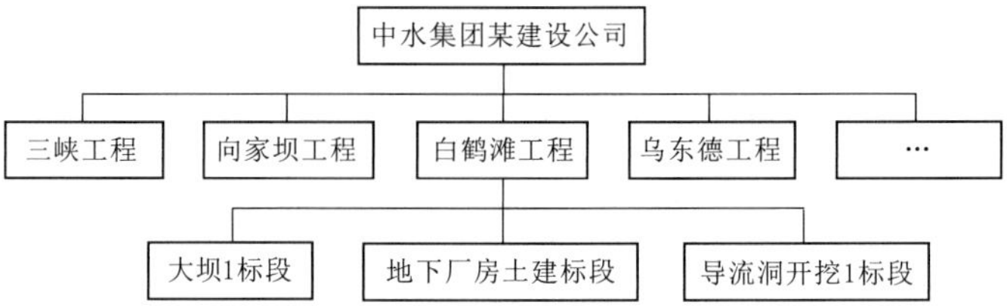

图1.22

其在项目管理软件中的EPS设置，见图1.23。

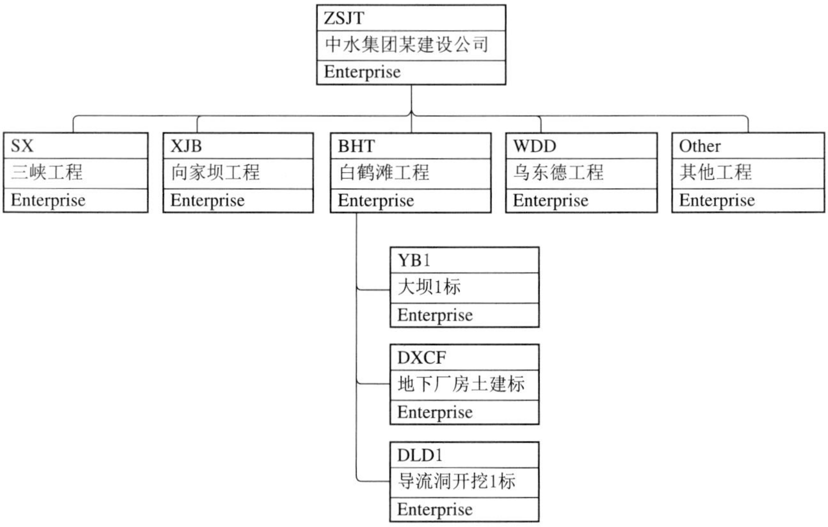

图1.23

工作任务2　土石坝项目进度管理软件应用（进度篇）

2.1　工作任务

某土石坝工程作业明细表见表 2.1，利用项目管理软件完成其进度计划的建立、跟踪和调整等任务。要求：项目开工时间为 2021 年 2 月 15 日，截流时间为 2021 年 9 月 10 日，坝体达到拦洪高程时间为 2022 年 8 月 10 日，完工时间为 2023 年 7 月 1 日。

表 2.1　　**土石坝工程作业明细表**

WBS	作　业　名　称	作业代码	紧前工作	持续时间/天
工程准备期	施工准备	A1000		30
	导流隧洞的开挖	A1010	A1000	90
	截流（里程碑）	A1020	A1010（延时 1 个月）	0
	围堰填筑	A1030	A1020	20
	初期排水	A1040	A1030	7
	经常性排水	A10401	A1040	400
	坝肩开挖	A1050	A1000	30
	基坑开挖	A1060	A1040	15
	地基处理	A1070	A1060	20
主体工程施工期	坝体填筑至拦洪高程 430m	A1080	A1050，A1070	200
	拦洪高程至坝顶	A1090	A1080	200
	棱体排水	A1100	A1090	30
	上游护坡	A1110	A1090	20
	下游护坡	A1120	A1090	20
	防浪墙	A1130	A1090	20
	坝顶公路	A1140	A1130	20
工程完建期	场地清理	A1150	A10401，A1100，A1110，A1120，A1140	5
	项目完工（里程碑）	A1160	A1150	0

2.2　工作目标

（1）掌握项目管理软件基本概念。
（2）能够设置项目管理软件参数。
（3）能够建立企业项目结构 EPS、创建项目、创建 WBS 和增加作业。
（4）优化进度计划，生成项目进度计划（目标）。
（5）跟踪项目实际进度，及时预测和调整项目进度。
（6）能够组织和发布项目信息。

2.3　任务分组

按照表 2.2 填写任务分组表。

表 2.2　　　　学生任务分组表

班级		组号		指导老师	
组长		学号			
组员					
任务分工					

2.4　获取信息（引导问题）

引导问题 1：项目管理软件的 EPS—项目—WBS—作业是如何录入的？

引导问题 2：作业之间的逻辑关系有哪些类型？

引导问题 3：利用项目管理软件进行进度控制的流程是怎样的？

2.5 工作计划

按照收集的信息，制订土石坝项目利用软件管理的计划。利用流程图绘制工作计划图。

2.6 进度决策

由教师带领学生采用项目管理软件对进度控制任务实施方案进行确定，为任务的实施做好准备。

2.7 工作实施

【步骤 1】 登录项目管理软件。

启动 Project Management（PM）程序，输入用户名（admin）和密码（admin），登录 PM，见图 2.1。

【步骤 2】 设置软件的基本参数。

设置语言：在登录界面的语言栏中选择语言种类，见图 2.2。

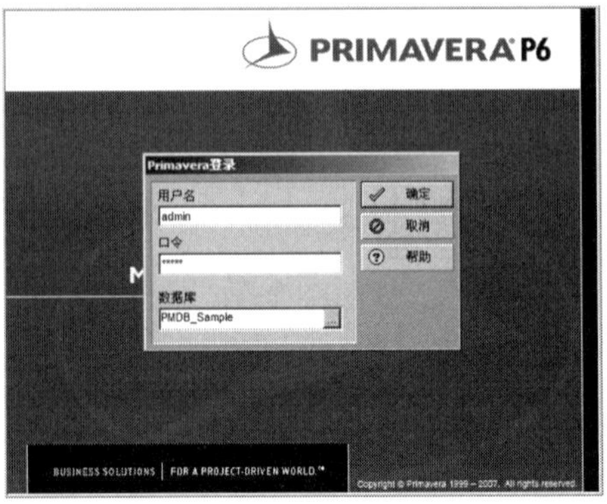

图 2.1

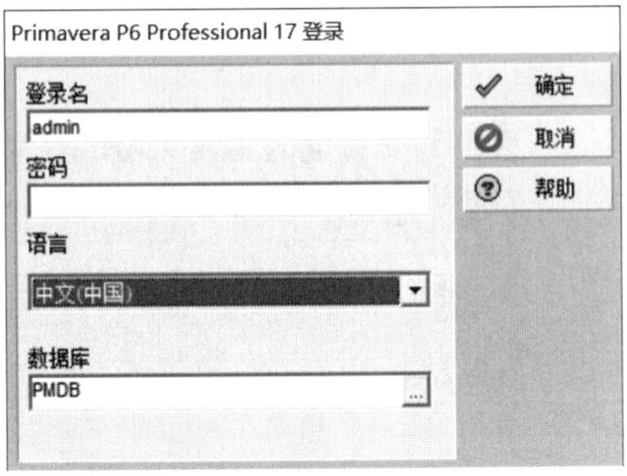

图 2.2

设置日期格式：选择菜单“编辑⇒用户设置”，在弹出窗口中，设置日期格式，见图 2.3。也可以设置时间单位、货币种类等。

【步骤 3】 创建企业项目结构（EPS）和项目。

选择菜单“企业⇒EPS”，在弹出窗口中，创建企业项目结构（图 2.4）。

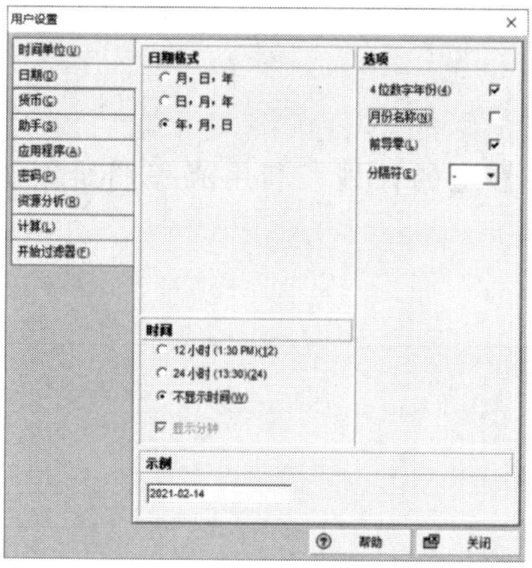

图 2.3

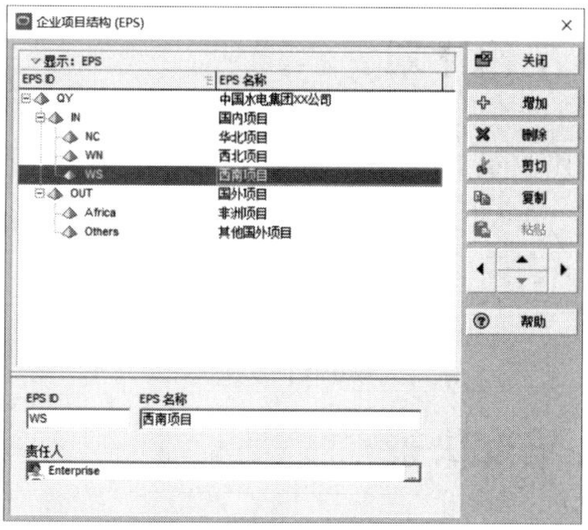

图 2.4

选择菜单“企业⇒项目”，切换到项目表格窗口，在对应的项目类型（EPS）节点下创建项目，填写项目代码和项目名称（图 2.5）。在项目详情表中填写项目计划开始的时间（图 2.6）。

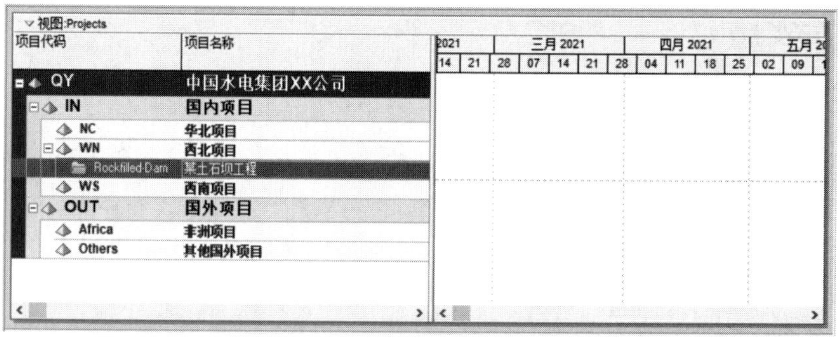

图 2.5

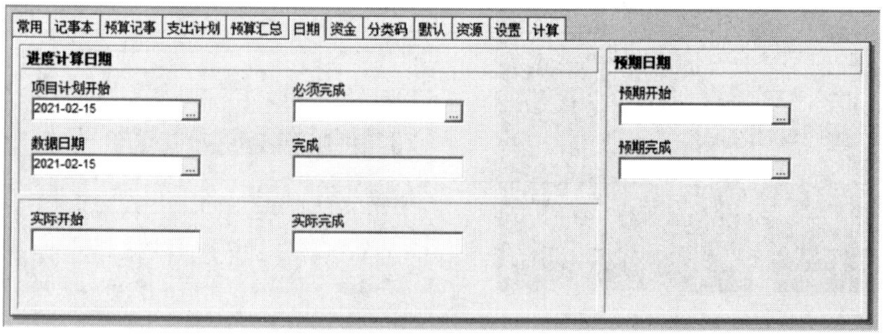

图 2.6

【步骤 4】 创建 WBS。

打开 Rockfilled-Dam 某土石坝工程建设项目（图 2.7）。选择菜单“项目⇒WBS”，切换到工作分解结构（WBS）窗口，为“某土石坝工程”建立 WBS 编码和结构（图 2.8）。

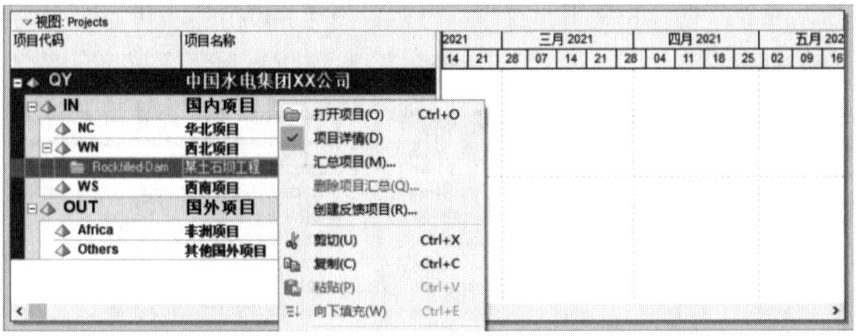

图 2.7

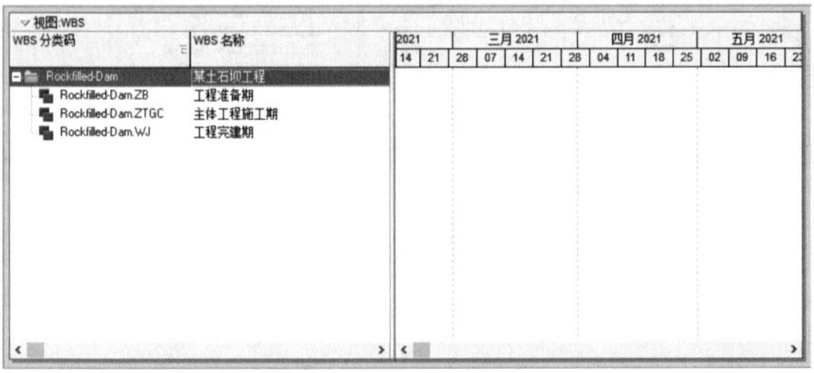

图 2.8

【步骤 5】 增加作业，建立逻辑关系。

选择菜单“项目⇒作业”，切换到作业窗口，为每个 WBS 增加相关的作业。在原定工期栏位中，填写每个任务作业的原定工期（图 2.9）。

图 2.9

在作业的“紧前作业”栏位中，为每一道作业选择它的前序工作（图 2.10）。

图 2.10

【步骤 6】 优化进度计划，建立目标。

选择菜单“工具⇒进度计算”，生成初步的横道图（图 2.11）。

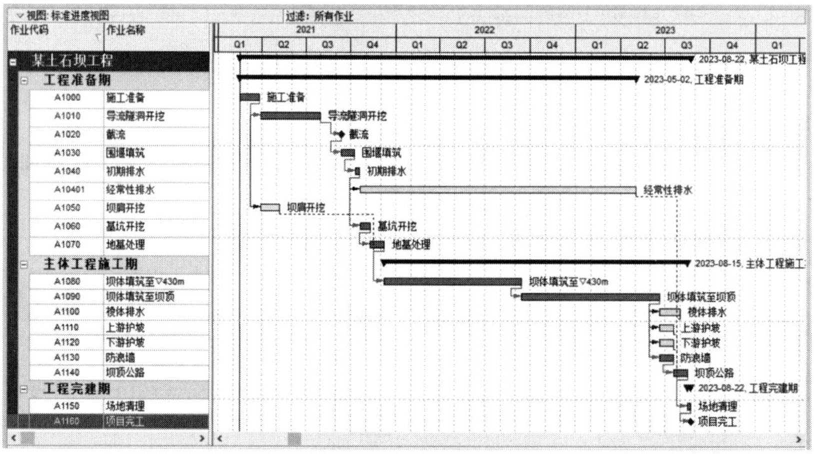

图 2.11

(1) 分配限制条件，优化进度。

在作业“截流（里程碑）”上加限制条件“强制开始”，限制日期为 2021 年 9 月 10 日（图 2.12）；在作业“坝体填筑至▽430m”上加限制条件“强制完成”，限制日期为 2022 年 8 月 10 日（图 2.13）；在当前项目上设置必须完成日期为 2023 年 7 月 1 日（图 2.14）。

(2) 重新计算进度，产生负浮时（图 2.15）。需要调整相关作业，消除负浮时。

作业“导流隧洞开挖”原定工期更改为 89 天，作业“坝体填筑至▽430m”原定工期更改为 177 天，作业“坝体填筑至坝顶”原定工期更改为 187 天（图 2.16）。

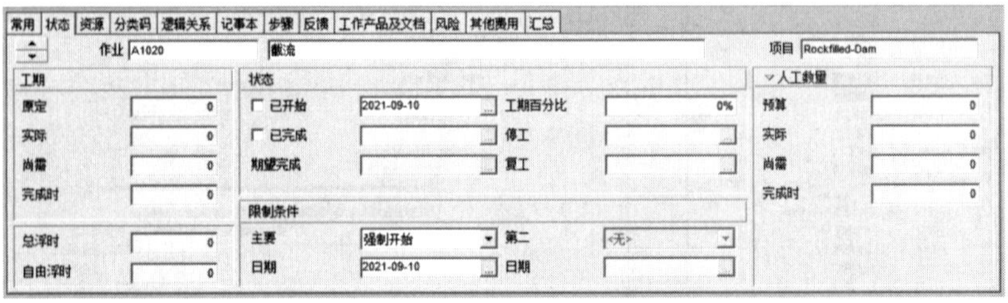

图 2.12

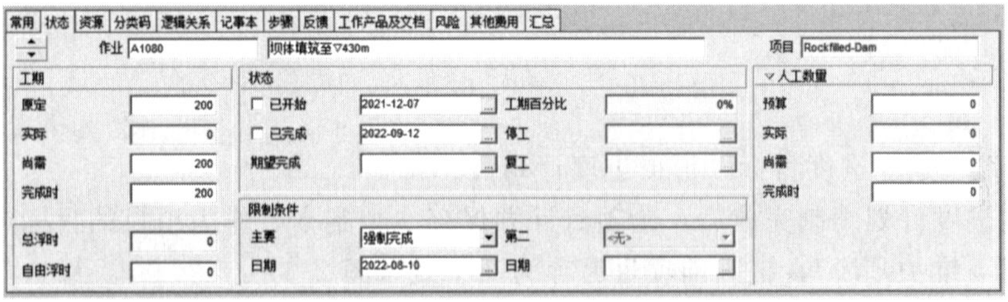

图 2.13

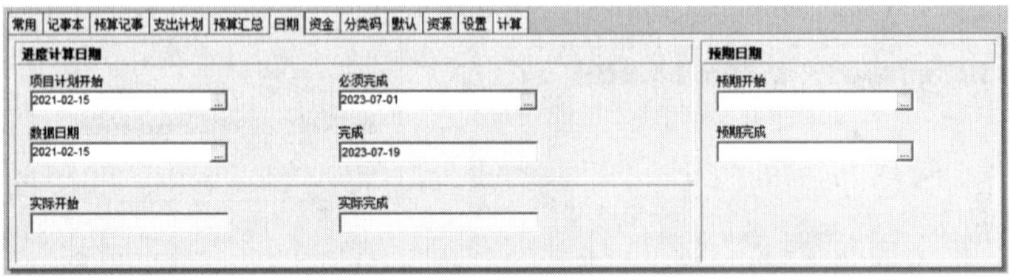

图 2.14

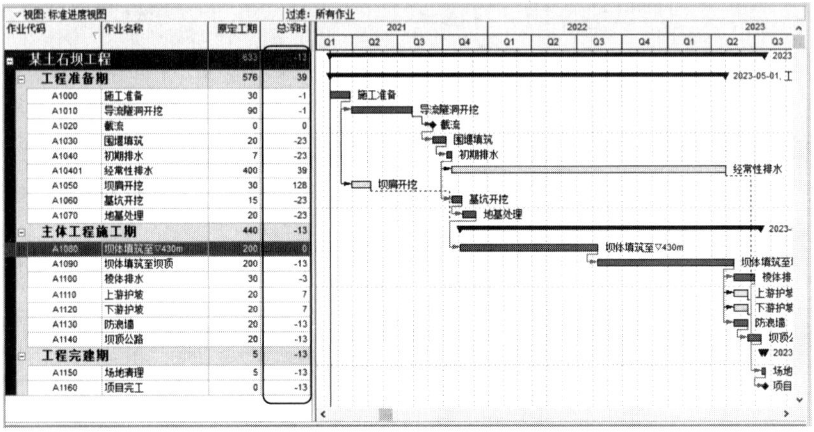

图 2.15

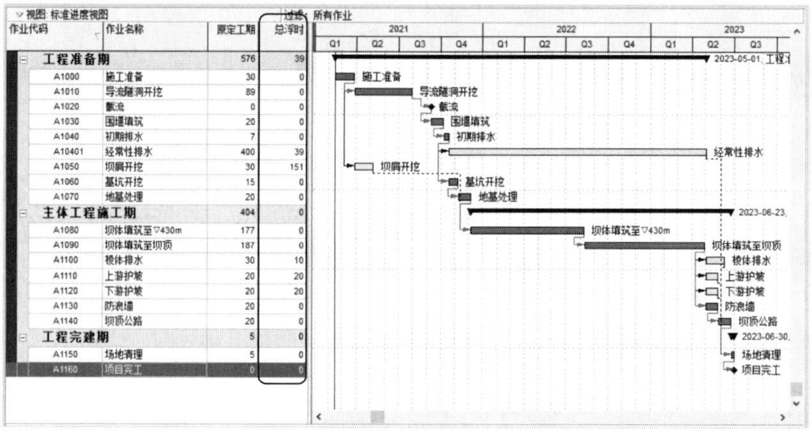

图 2.16

【步骤 7】 建立进度目标，形成进度计划值。

项目的进度计划编制完成后，为项目计划保存一个副本，作为项目的目标计划。选择菜单“项目⇒维护基线”，把当前项目另存为新基线（图 2.17）。

选择菜单“项目⇒分配基线”，将保存好的目标分配给当前项目，作为当前项目的“项目目标计划”（图 2.18）。

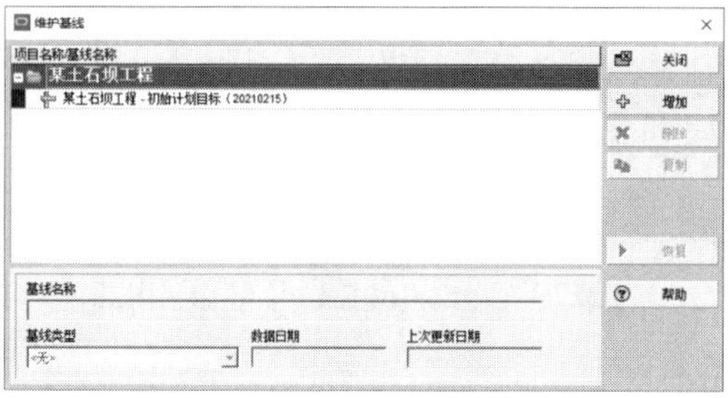

图 2.17

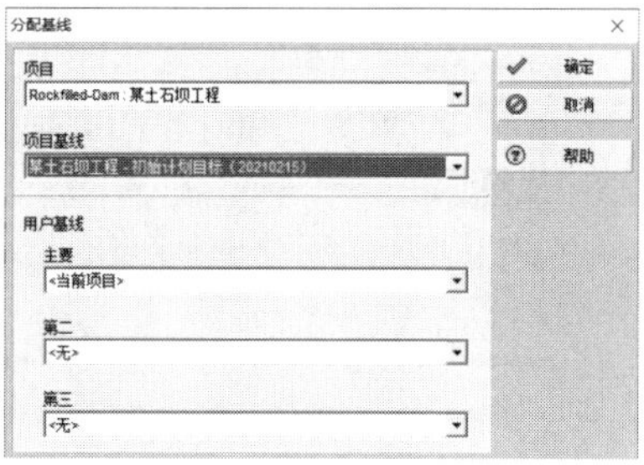

图 2.18

选择菜单“显示⇒栏”，勾选“项目基线横道”（设置黄色为基线横道）（图 2.19），在横道图中查看和对比当前计划和目标计划的横道（图 2.20）。

【步骤 8】 跟踪进度，填报实际值，预测和及时调整。

假设当前日期是 2021 年 4 月 15 日，截至 2021 年 4 月 15 日，所有已经完成或正在执行的作业见表 2.3。

表 2.3 作业时间表

作业名称	状态	实际开始日期	实际完成日期	期望完成日期
施工准备	已完成	2021-02-15	2021-04-01	
导流隧洞开挖	正在进行	2021-04-02		2021-08-05
坝肩开挖	正在进行	2021-04-02		2021-05-10

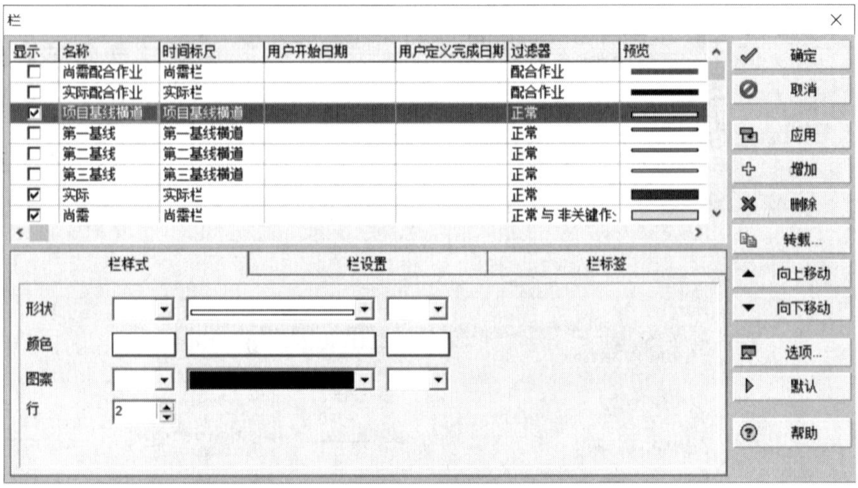

图 2.19

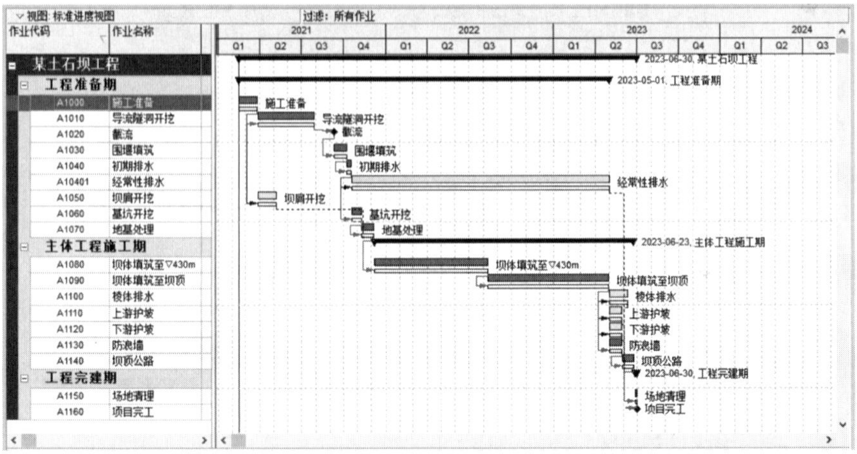

图 2.20

在软件中填报已完成作业的实际开始时间和实际完成时间（图 2.21），填报正在进行作业的实际开始时间和期望完成时间（图 2.22）。重新进行进度计算，设置新的数据日期为 2021 年 4 月 15 日（图 2.23）。查看项目当前负浮时情况，预测项目进度（图 2.24）。消除负浮时，调整项目进度（图 2.25）。

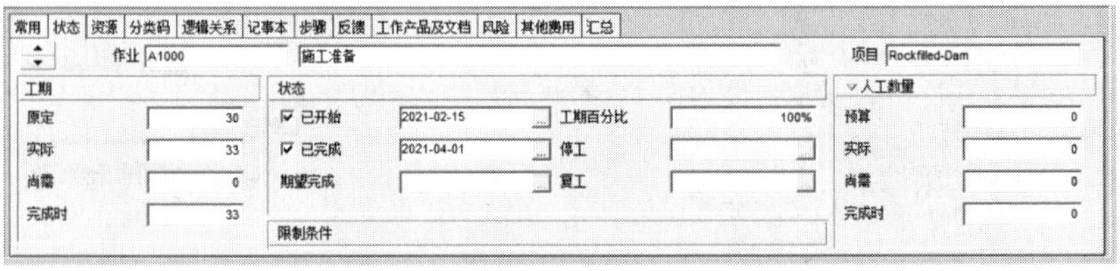

图 2.21

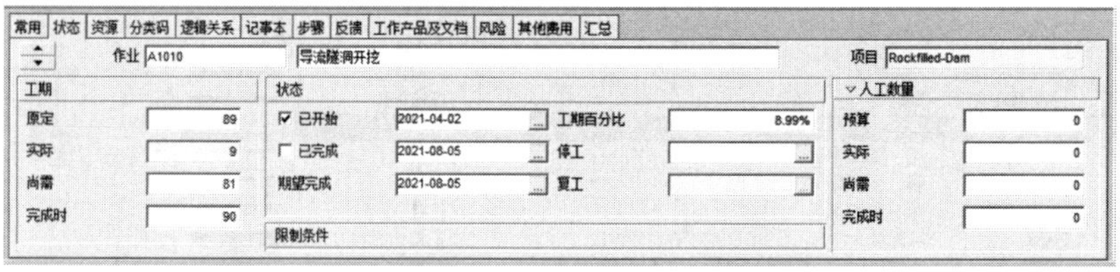

图 2.22

图 2.23

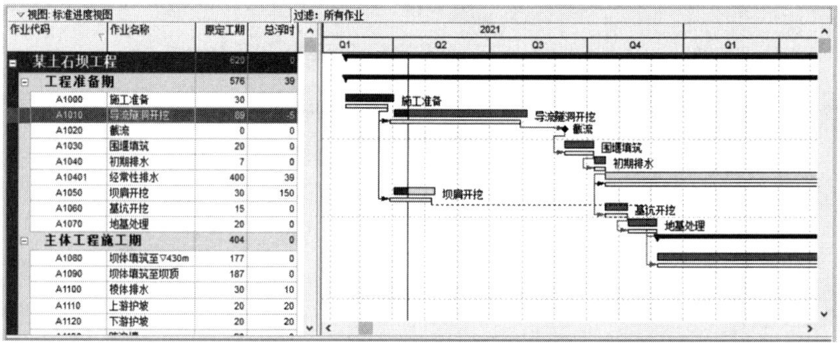

图 2.24

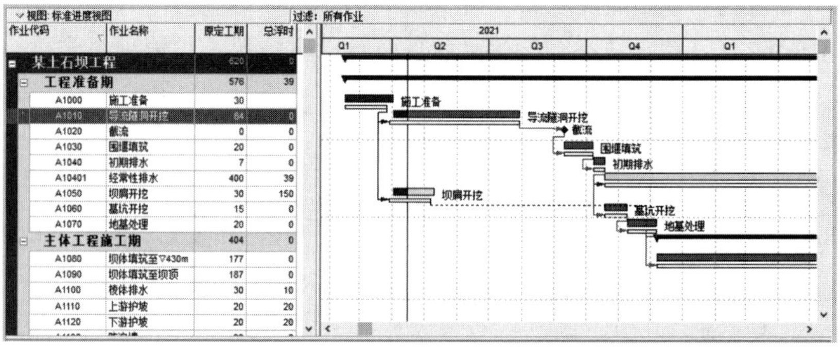

图 2.25

【步骤9】 输出进度计划图表。

选择菜单“文件⇒打印预览”，生成进度计划图，另存为图片（图2.26）。通过“页面设置”可设置页眉和页脚，以及打印范围。

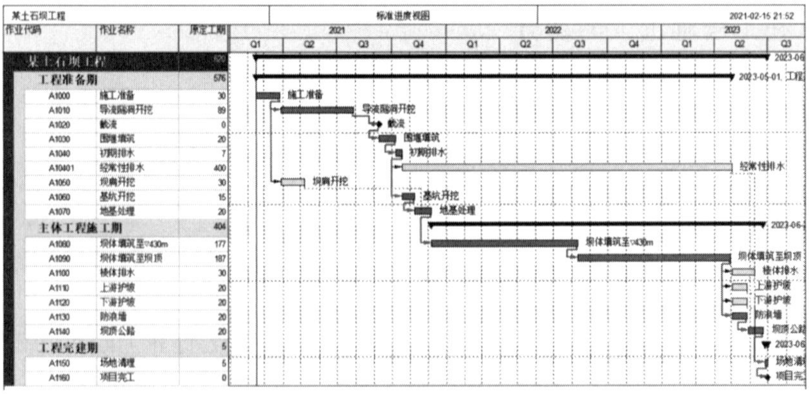

图2.26

2.8 评价反馈

评价包括学生自评（占50%）和教师评价（占50%）两部分，学生自评表和教师评价表见表2.4和表2.5。

表2.4 **学生自评表**

班　级		姓　名		学　号	
学习任务2	土石坝项目进度管理软件应用				
评价项目	评　价　标　准			分值	得分
①软件登录	利用账号快速登录，熟练设置基本参数			10	
②创建EPS—项目	熟练利用软件创建企业项目结构和创建项目			20	
③创建WBS—作业	熟练录入工作分解结构，建立正确的作业关系			20	
④优化进度计划	快速利用限制条件，生成最优进度计划			20	
⑤实时进度控制	快速填报实际进度，利用浮时参数预测和调整			20	
⑥生成相关图表	准确生成进度计划图、实际进度执行图			10	
合　计				100	

表2.5 **教师评价表**

班　级		姓　名		学　号	
学习任务2	土石坝项目进度管理软件应用				
评价项目	评价标准			分值	得分
①平时表现	出勤、课堂表现			40	
②成果评价	生成进度计划图、相关报告			30	
③小组表现	团队合作完成任务			30	
合　计				100	

2.9　相关知识点

2.9.1　水利工程施工工期划分

根据《水利水电工程施工组织设计规范》（SL 303—2017），工程建设全过程可划分为工程筹建期、工程准备期、主体工程施工期和工程完建期四个施工时段。编制施工总进度时，工程施工总工期应为后三项工期之和。工程建设相邻两个阶段的工作可交叉进行。

（1）工程筹建期：工程正式开工前应完成对外交通、施工供电和通信系统、征地、移民以及招标、评标、签约等工作所需的时间。

（2）工程准备期：准备工程开工起至关键线路上的主体工程开工或河道截流闭气前的工期，一般包括“四通一平”、导流工程、临时房屋和施工工厂设施建设等。

（3）主体工程施工期：自关键线路上的主体工程开工或一期截流闭气后开始，至第一台机组发电或工程开始发挥效益为止的工期。

（4）工程完建期：自水电站第一台发电机组投入运行或工程开始受益起，至工程竣工的工期。

根据《水利工程建设程序管理暂行规定》（水建〔1998〕16 号），水利工程建设项目在主体工程开工之前，必须完成各项施工准备工作，其主要工作内容包括：①施工现场的征地、拆迁；②完成施工用水、电、通信、道路和场地平整（简称“四通一平”）等工程；③必需的生产、生活临时建筑工程；④组织招标设计、咨询、设备和物资采购等服务；⑤组织建设监理和主体工程招标投标，选定建设监理单位和施工承包队伍。

2.9.2　工作逻辑关系的类型

逻辑关系是指工作中客观存在的一种先后顺序关系和施工组织要求的相互制约、相互依赖的关系，主要包括以下三种：顺序逻辑关系、平行逻辑关系和搭接逻辑关系。

2.9.2.1　顺序逻辑关系

该逻辑关系是指工作之间有先后确定的逻辑关系，不能随意更改。如土石坝坝面作业的工艺顺序为铺土、平土、压实和质检，这是一种由工艺决定的顺序关系，不能违反，如图 2.27 所示。

图 2.27

2.9.2.2　平行逻辑关系

相邻两项工作同时开始，即为平行逻辑关系。如混凝土工程中，对同一个仓位，钢筋绑扎和模板架立可同时开始，并行施工；另外，建筑工程中，窗户安装和水电安装也可同时进行，如图 2.28 所示。

2.9.2.3 搭接逻辑关系

工程活动（工作）之间在时间上的直接相关性称为搭接逻辑关系，工作间的搭接逻辑关系用时距关系表达。时距就是前后工作的开始或结束之间的时间间隔，可以表达以下四种搭接关系。

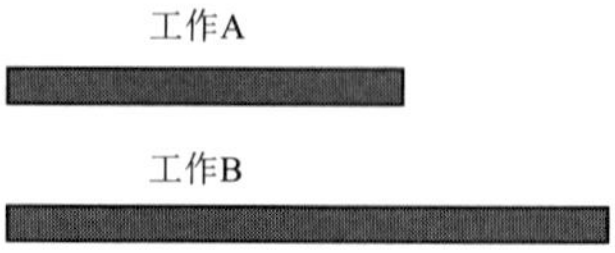

图 2.28

1. 开始到开始的关系（STS）

前面工作的开始到后面工作开始之间的时间间隔，表示前项工作开始后，要经过STS时距后，后项工作才能开始。如图 2.29 所示，某基坑挖土（A 工作）开始 3 天后，完成了一个施工段，垫层（B 工作）才可开始。

2. 结束到开始的关系（FTS）

前面工作的结束到后面工作开始之间的时间间隔，表示前项工作结束后，要经过FTS时距后，后项工作才能开始。如图 2.30 所示，某工程窗油漆（A 工作）结束 3 天后，油漆干燥了，再安装玻璃（B 工作）。

当 FTS 时距等于零时，即紧前工作的完成到本工作的开始之间的时间间隔为零，这就是一般顺序逻辑的正常连接关系，所以，可以将顺序逻辑关系看作是单代号搭接网络图的一个特殊情况。

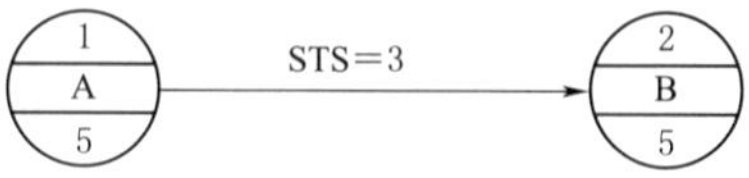

图 2.29

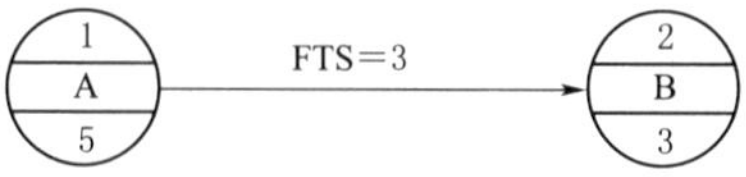

图 2.30

3. 开始到结束的关系（STF）

前面工作的开始到后面工作结束之间的时间间隔，表示前项工作开始后，经过 STF 时距后，后项工作必须结束。如图 2.31 所示，某工程梁模板（A 工作）开始后，钢筋加工（B 工作）何时开始与模板没有直接关系，只要保证在 10 天内完成即可。

4. 结束到结束的关系（FTF）

前面工作的结束到后面工作结束之间的时间间隔，表示前项工作结束后，经过 FTF 时距后，后项工作必须结束。如图 2.32 所示，某工程楼板浇筑（A 工作）结束后，模板拆除（B 工作）安排在 15 天内结束，以免影响上一层施工。

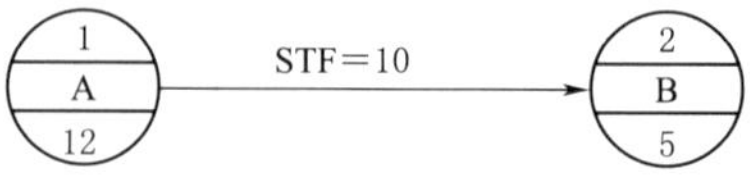

图 2.31

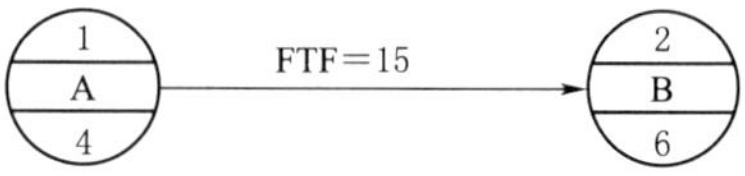

图 2.32

2.9.3 进度计划的类型

2.9.3.1 横道图表示进度计划

横道图又称甘特（Gatt）图，它是被广泛应用的进度计划表达方式，横道图通常在左侧垂直向下依次排列工程任务的各项工作名称，而在右边与之紧邻的时间进度表中则对应各项工作逐一绘制横道线，使每项工作的起止时间均可由横道线的两个端点来表示。

如某拦河闸工程有三个孔闸，每孔净宽 5m。闸身为钢筋混凝土结构，平底板，闸墩高 5m，上部有公路桥、工作桥和工作便桥。岸墙采用重力式混凝土结构，上、下游两侧为重力式浆砌块石翼墙。总工期为 8 个月，采取明渠导流。进度要求：第 1 年汛后 10 月开始施工准备工作，第 2 年 1 月底完成闸塘土方开挖，2 月起建筑物施工，汛前 5 月底完工。

进度计划安排要点如下：应以混凝土工程、吊装工程为骨干，再安排其他工程和土方回填。导流工程要保证 1 月的闸塘开挖。准备工作要保证 2 月的混凝土浇筑。混凝土工程应以底板、墩墙、工作桥排架、启闭机安装为主线，吊装前 1 个月完成预制任务（也可提前预制）。砌石工程以翼墙墙身为主，护坦、护坡为辅。该拦河闸工程进度计划见图 2.33。

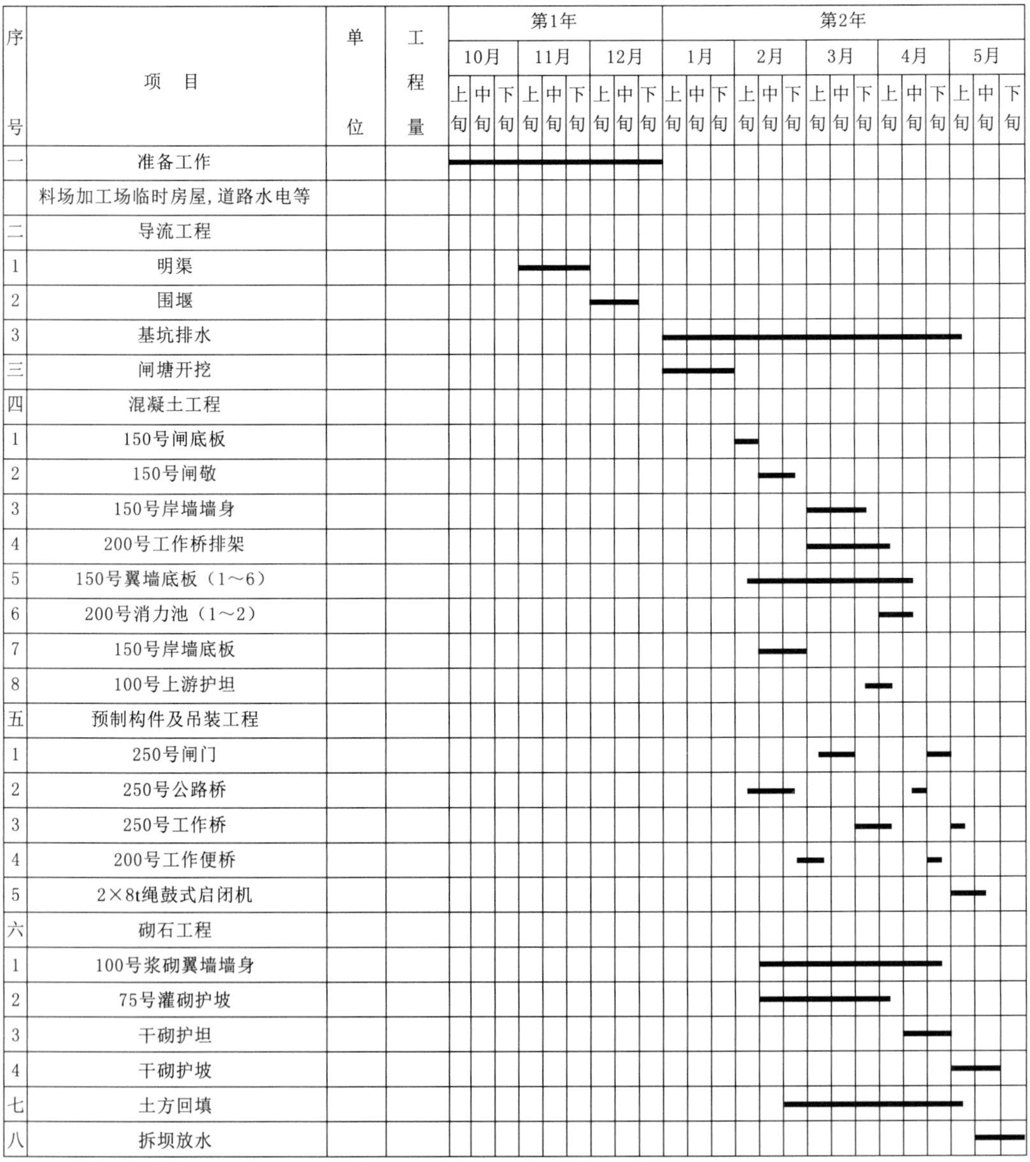

图 2.33

横道图直观易懂，编制较为容易，它不仅能单一表达进度安排情况，而且还可以形成进度计划与资源，或资金供应与使用计划的各种组合，故使用非常方便，并因此受到普遍欢迎。但横道图也存在不能明确地表达工作之间的逻辑关系，无法直接进行计划的各种时间参数计算，不能表明什么是影响计划工期的关键因素，不便于进行计划的优化与调整等明显缺点。横道图法适用于中小型水利工程进度计划的编制。

2.9.3.2 双代号网络图表示进度计划

双代号网络图是由若干表示工作或工序（或施工过程）的箭线和节点组成的，每一个工作或工序（或施工过程）都由一根箭线和两个节点表示，根据施工顺序和相互关系，将一项计划用上述符号从左向右绘制而成的网状图形，如图 2.34 所示。

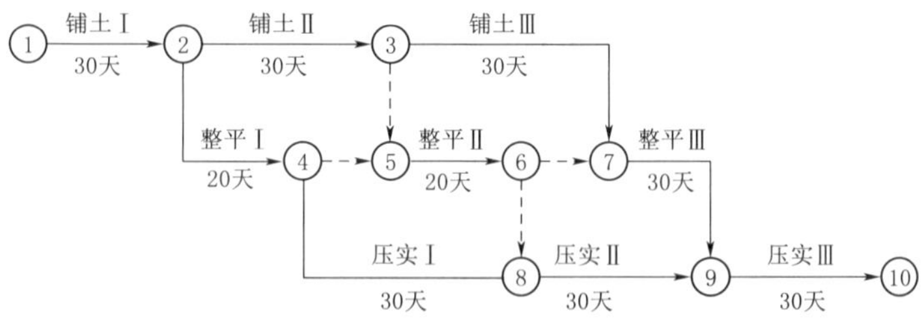

图 2.34

双代号网络图由箭线、节点、线路三个要素组成。其含义和特点介绍如下。

1. 箭线

（1）在双代号网络图中，一根箭线表示一项工作（或工序、施工过程、活动等），如支立模板、绑扎钢筋等。所包括的工作内容可大可小，既可以表示一项分部工程，又可以表示某一建筑物的全部施工过程（一个单位工程或一个工程项目），也可以表示某一分项工程等。

（2）每一项工作都要消耗一定的时间和资源。只要消耗一定时间的施工过程都可作为一项工作。各施工过程用实箭线表示。

（3）在双代号网络图中，为了正确表达施工过程的逻辑关系，有时必须使用一种虚箭线，如图 2.34 中的③→⑤。这种虚箭线没有工作名称，不占用时间，不消耗资源，只解决工作之间的连接问题，称之为虚工作。虚工作在双代号网络计划中起施工过程之间逻辑连接或逻辑间断的作用。

（4）箭线的长短不按比例绘制，即其长短不表示工作持续时间的长短。箭线的方向在原则上是任意的，但为使图形整齐、醒目，一般应画成水平直线或垂直折线。

（5）双代号网络图中，就某一工作而言，紧靠其前面的工作称为紧前工作，紧靠其后面的工作称为紧后工作，该工作本身则称为本工作，与之平行的工作称为平行工作，如图 2.35 所示。

2. 节点

（1）网络图中表示工作或工序开始、结束或连接关系的圆圈称为节点。节点表示前道工序的结束和后道工序的开始。一项计划的网络图中的节点有开始节点、中间节点、结束节点三类。网络图的第一个节点为开始节点，表示一项计划的开始；网络图的最后一个节点称为结束节点，表示一项计划的结束；其余都称为中间节点，任何一个中间节点既是其紧前工作的结束节点，又是紧后工作的开始节点，如图 2.36 所示。

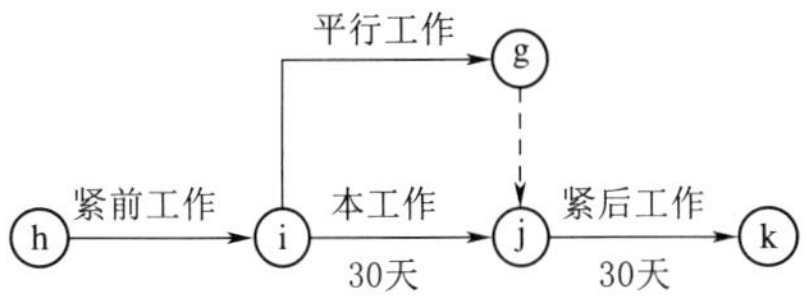

图 2.35

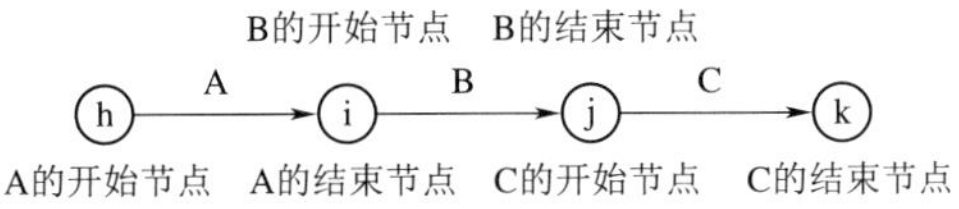

图 2.36

（2）节点只是一个“瞬间”，它既不消耗时间，也不消耗资源。

（3）网络图中的每个节点都要编号。编号方法是：从开始点开始，从小到大，自左向右，从上到下，用阿拉伯数字表示。编号原则是：每一个箭尾节点的号码 i 必须小于箭头节点的号码 j（即 i<j），编号可连续，也可隔号不连续，但所有节点的编号不能重复。

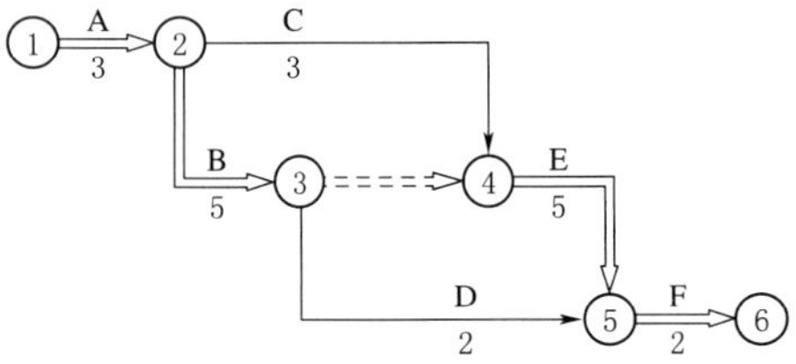

图 2.37

3. 线路

从网络图的开始节点到结束节点，沿着箭线的指向所构成的若干条“通道”即为线路。如图 2.37 中从开始①至结束⑥共有三条线路①→②→④→⑤→⑥、①→②→③→⑤→⑥和①→②→③→④→⑤→⑥。其中时间之和最大者称为“关键线路”，又称主要矛盾线。如图 2.37 中所示的①→②→③→④→⑤→⑥，工期为 15 天，为关键线路。关键线路用粗箭线或双箭线标出，以区别于其他非关键线路。在一项计划中有时会出现几条关键线路。关键线路在一定条件下会发生变化，关键线路可能会转变成为非关键线路，而非关键线路也可能转化为关键线路。

2.9.3.3　单代号网络图表示进度计划

单代号网络图是网络计划的另一种表示方法。单代号网络图的一个节点代表一项工作（节点代号、工作名称、作业时间都标注在节点圆圈或方框内，如图 2.38 所示），而箭线仅表示各项工作之间的逻辑关系。因此，箭线既不占用时间，也不消耗资源。箭线仅用来表示工作之间的顺序关系。用这种表示方法把一项计划中所有工作按先后顺序和其相互之间的逻辑关系，从左至右绘制而成的图形，称为单代号网络图（或节点网络图，见图 2.39）。用这种网络图表示的计划称为单代号网络计划。

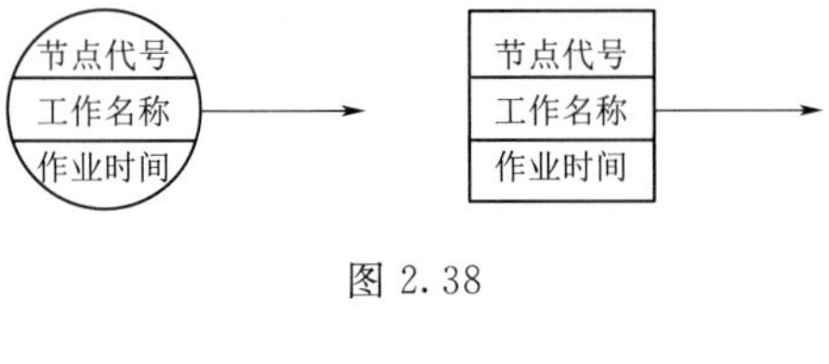

图 2.38

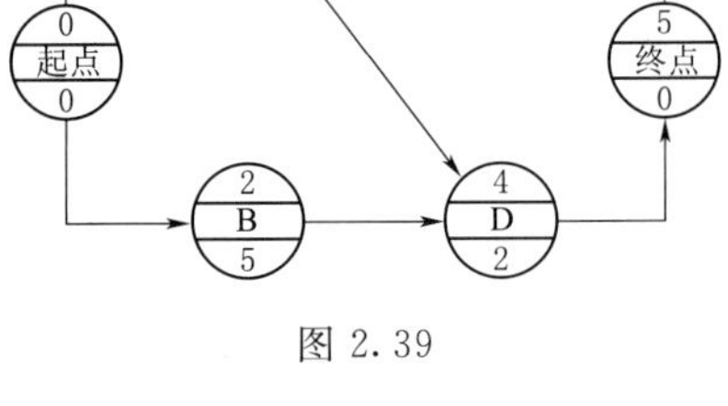

图 2.39

2.9.4 工作总时差（TF）和工作自由时差（FF）

2.9.4.1 工作总时差（total float）

工作总时差是该工作可能利用的最大机动时间。在这个时间范围内若延长或推迟本工作时间，不会影响总工期。求出节点或工作的开始和完成时间参数后，即可计算该工作总时差。其数值等于该工作结束节点的最迟时间减去该工作开始节点的最早时间，再减去该工作的持续时间。总时差主要用于控制计划总工期和判断关键工作。凡是总时差为最小的工作就是关键工作，其余工作就是非关键工作。

在项目管理软件中，栏位“总浮时”即为工作总时差 TF。

2.9.4.2 工作自由时差（free float）

工作自由时差是在不影响后续工作按最早可能开始时间开始的前提下，该工作能够自由支配的机动时间。其数值等于该工作结束节点的最早时间减去该工作开始节点的最早时间再减去该工作的持续时间。

在项目管理软件中，栏位“自由浮时”即为工作自由时差 FF。

2.9.4.3 根据总时差确定关键线路（critical path）

根据计算的总时差来确定关键工作，总时差最小的工作是关键工作，将关键工作依次连接起来组成的线路即为关键线路。在项目管理软件中，关键工作一般用红色横道表示。

2.9.5 项目进度优化的方法

根据工作之间的逻辑关系，可以绘制出网络图，计算时间参数，得到关键工作和关键线路。但这只是一个初始网络计划，还需要根据不同要求进行优化，从而得到一个满足工程要求、成本低、效益好的网络实施计划。

网络计划优化，就是在满足既定的约束条件下，按某一目标，通过不断调整，寻找最优网络计划方案的过程。如计算工期大于要求工期，就要压缩关键工作持续时间以缩短工期，称为工期优化；如某种资源供应有一定的限制，就要调整工作安排以经济有效地利用资源，称为资源优化；如要降低工程成本，就要重新调整计划以需求最低成本，称为费用优化。在工程施工中，工期目标、资源目标和费用目标是相互影响的，必须综合考虑各方面的要求，力求获得最好的效果，得到最优的网络计划。

网络计划优化的原理主要有两个：一是压缩关键工作持续时间，以优化工期目标、费用目标；二是调整非关键工作的安排，以优化资源目标。

2.9.6 利用项目管理软件进行进度管理的流程

具体流程见图 2.40。

2.9.7 进度计划调整原则及方法

2.9.7.1 施工进度计划的调整原则

1. 实际进度超前时的调整原则

当计划进度执行过程中产生的进度偏差体现为某项工作的实际进度超前，若超前幅度

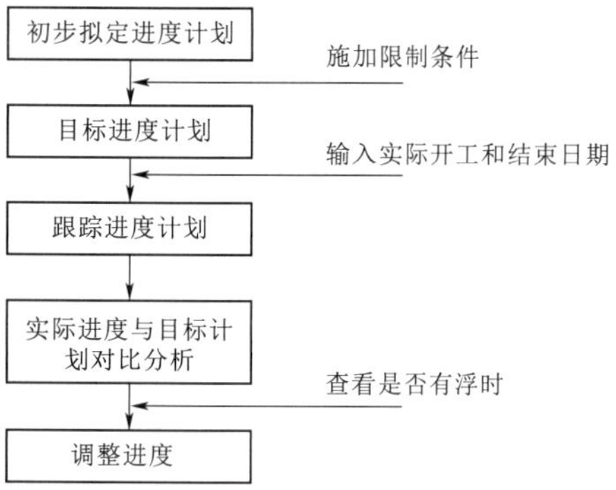

图 2.40

不大，此时计划不必调整；当超前幅度过大，则此时计划必须调整。

2. 实际进度滞后时的调整原则

（1）若出现进度偏差的工作为关键工作，则由于该工作进度滞后，必然会引起后续工作最早开工时间的延误和整个计划工期的相应延长，因而必须对原定进度计划采取相应调整措施。

（2）当出现进度偏差的工作为非关键工作，且工作进度滞后天数已超出其总时差，则由于工作进度延误同样会引起后续工作最早开工时间的延误和整个计划工期的相应延长，因而必须对原定进度计划采取相应调整措施。

（3）当出现进度偏差的工作为非关键工作，且工作进度滞后天数已超出其自由时差而未超出其总时差，则由于工作进度延误只引起后续工作最早开工时间的延误而对整个计划工期并无影响，因而此时只有在后续工作最早开工时间不宜推后的情况下才考虑对原定计划采取相应调整措施。

（4）若出现进度偏差的工作为非关键工作，且工作进度滞后天数未超出其自由时差，则由于工作进度延误对后续工作的最早开工时间和整个计划工期均无影响，因而不必对原定计划采取任何调整措施。

2.9.7.2　施工进度计划的调整方法

1. 改变某些后续工作之间的逻辑关系

若进度偏差已影响计划工期，并且有关后续工作之间的逻辑关系允许改变，此时可变更位于关键线路或位于非关键线路但延误时间已超出其总时差的有关工作之间的逻辑关系，从而达到缩短工期的目的。例如可将按原计划安排依次进行的工作关系改为平行进行、搭接进行或分段流水进行的工作关系。通过变更工作逻辑关系缩短工期往往简便易行且效果显著。

例如某土方开挖基础工程包括挖基槽、作垫层、砌基础、回填土 4 个施工过程，各施工过程的持续时间分别为 21 天、15 天、18 天和 9 天，如果采取顺序依次作业方式进行施工，则其总工期为 63 天。为缩短该基础工程总工期，如果在工作面及资源供应允许的条件下，将基础工程划分为工程量大致相等的 3 个施工段组织流水作业，网络计划如图 2.41 所示。通过组织流水作业，使得该基础工程的计算工期由 63 天缩短为 35 天。

2. 缩短某些后续工作的持续时间

当进度偏差已影响计划工期，进度计划调整的另一方法是不改变工作之间的逻辑关系而只是压缩某些后续工作的持续时间，借此加快后期工程进度从而使原计划工期仍然能够得以实现。应用本方法需注意被压缩持续时间的工作应是位于因工作实际进度拖延而引起计划工期延长的关键线路或某些非关键线路上的工作，且这些工作应切实具有压缩持续时间的余地。压缩对质量、安全影响不大，费率增加较小，资源充足，工作时间充裕的工作。

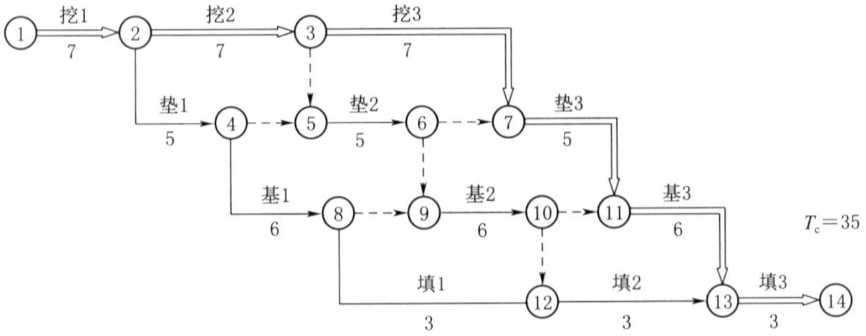

图 2.41

该方法通常是在网络图中借助图上分析计算直接进行，其基本思路是通过计算到计划执行过程中某一检查时刻剩余网络时间参数确定工作进度偏差对计划工期的实际影响程度，再以此为依据反过来推算有关工作持续时间的压缩幅度，其具体计算分析步骤一般为：①删去截止计划执行情况检查时刻业已完成的工作，将检查计划时的当前日期作为剩余网络的开始日期形成剩余网络；②将正处于进行过程中的工作的剩余持续时间标注于剩余网络图中；③计算剩余网络的各项时间参数；④据剩余网络时间参数的计算结果推算有关工作持续时间的压缩幅度。

工作任务3 重力坝工程成本管理软件应用（成本篇）

3.1 工作任务

某施工企业中标项目为混凝土重力坝施工，作业明细表见表 3.1，其投标文件的工程量清单报价表，见表 3.2 和表 3.3，根据要求编制进度计划和成本预算曲线，绘制混凝土浇筑强度曲线。已知：2021 年 3 月 5 日开工，要求混凝土的月浇筑量不超过 24 万 m^3。

表 3.1　　混凝土重力坝施工作业明细表（参考）

WBS	作业名称	作业代码	紧前工作	持续时间/天
施工临时工程	施工进场准备	A1000		30
	施工临时交通	A1010	A1000	40
	施工风、水、电系统	A1020	A1010，A1050	20
	施工钢筋、模板工厂	A1030	A1020	10
	混凝土生产系统	A1040	A1030	20
	临时办公室及生活用房	A1050	A1000	25
坝基开挖及处理	一般覆盖层开挖	A1060	A1030	20
	坝基石方开挖	A1070	A1060	60
	坝基处理	A1080	A1070	60
大坝施工	大坝混凝土开始浇筑	A1090	A1040，A1080	0
	大坝浇筑至高程 85m	A1100	A1090	800
	大坝浇筑至高程 120m	A1110	A1100	800
	大坝浇筑至高程 180m	A1120	A1110	800
	大坝混凝土浇筑完成	A1130	A1120	0
项目完工	场地清理	A1140	A1130	30
	工程完工	A1150	A1140	0

表 3.2 重力坝分类分项工程量清单报价表

序号	项目编码	项目名称	计量单位	工程数量	单价/元	合价/元
1		坝基开挖及处理				110601850
1.1	500101002001	一般覆盖层开挖	m^3	12000	16.21	194520
1.2	500101002001	坝基石方开挖	m^3	86000	125.35	10780100
1.3	500101002001	固结灌浆	m	163000	611.21	99627230
2		混凝土坝施工				13152000000
2.1	500109001001	混凝土浇筑	m^3	24000000 (800 万+1000 万+600 万)	548	13152000000

表 3.3 重力坝措施项目清单报价表

序 号	项目名称	金额/元	备 注
1	施工临时工程	6700000	总价承包
1.1	施工进场准备	1200000	
1.2	施工临时交通	2300000	
1.3	施工风、水、电系统	1400000	
1.4	施工钢筋、模板工厂	700000	
1.5	混凝土生产系统	800000	
1.6	临时办公室及生活用房	300000	
2	项目完工	100000	总价承包
2.1	场地清理	100000	

3.2 工作目标

(1) 能够定义资源库。
(2) 估算作业资源需求计划，制作资源需求计划表格。
(3) 能够生成资源直方图（资源强度柱状图）。
(4) 能跟踪资源的实际使用量。
(5) 能根据作业表格查看费用。
(6) 能根据作业直方图查看费用 S 曲线。
(7) 生成费用报表。
(8) 项目信息的组织和发布。

3.3 任务分组

按照表 3.4 填写任务分组名单。

表 3.4　　学生任务分组表

班级		组号		指导老师	
组长		学号			
组员					
任务分工					

3.4　获取信息（引导问题）

引导问题1：水利工程工程量清单与项目管理软件中的资源库有何关系？

引导问题2：费用控制的赢得值法是指什么？

引导问题3：利用项目管理软件费用控制的程序有哪几个步骤？

3.5　工作计划

按照收集的信息，制订利用项目管理软件进行费用控制的计划。利用流程图画出工作计划图。

3.6　进度决策

由教师带领学生采用项目管理软件对费用控制任务实施方案进行确定，为任务的实施做好准备。

3.7 工作实施

【步骤 1】 编制进度计划。

根据任务 1 的进度编制方法【建立 EPS—项目—WBS—作业—进度计算】，该重力坝工程的进度计划如图 3.1 所示。

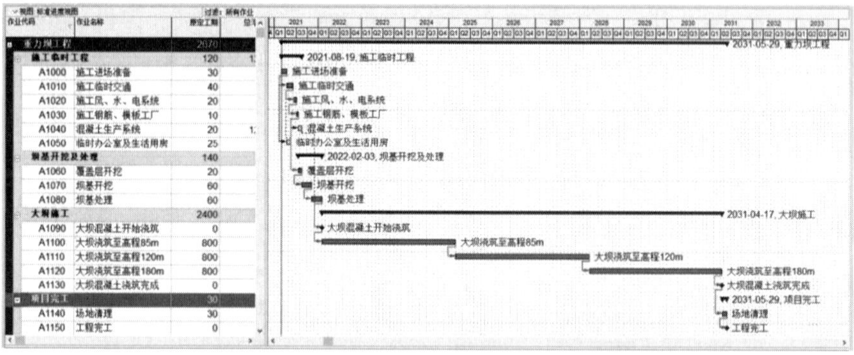

图 3.1

【步骤 2】 定义资源库。

选择菜单“管理员⇒管理类别”窗口，定义所需要用到材料资源的计量单位（图 3.2）。

选择菜单“企业⇒资源”窗口，根据表 3.2 和表 3.3，创建资源，如图 3.3 和图 3.4 所示。

在资源详情栏里面输入每个清单项目的单价，包括混凝土每天资源限制（混凝土的月浇筑量不超过 24 万 m^3），如图 3.5 所示。

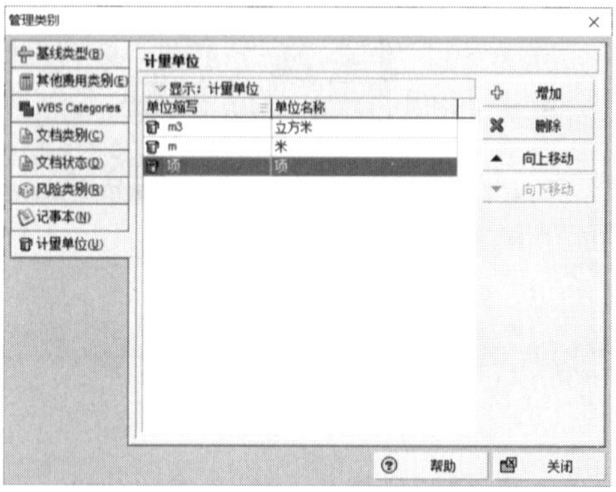

图 3.2

图 3.3

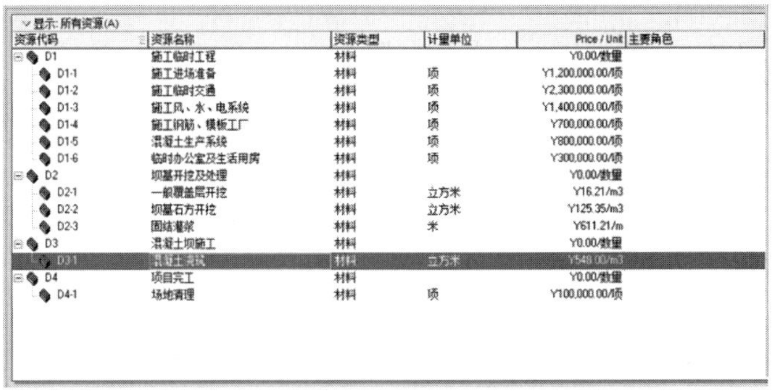

图 3.4

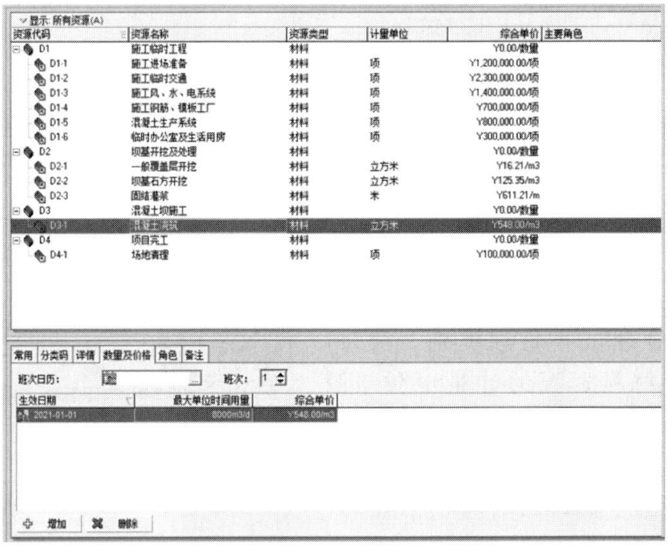

图 3.5

【步骤 3】 估算作业资源需求计划。

按照表 3.2 和表 3.3 为作业分配所需资源，并填写所需要的预算数量，如图 3.6 和图 3.7 所示。

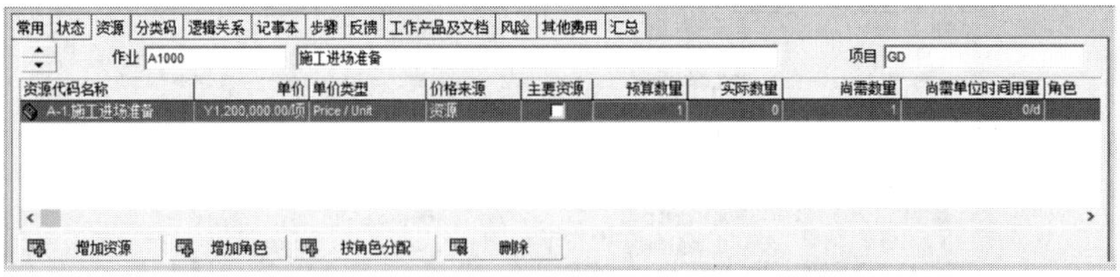

图 3.6

选择菜单“项目⇒资源分配”，在资源分配窗口中，查看项目执行过程中每个周期内对各种资源的需求计划表格（图 3.8）。其中，剖析字段选择预算数量，时间标尺以年为统计单位。

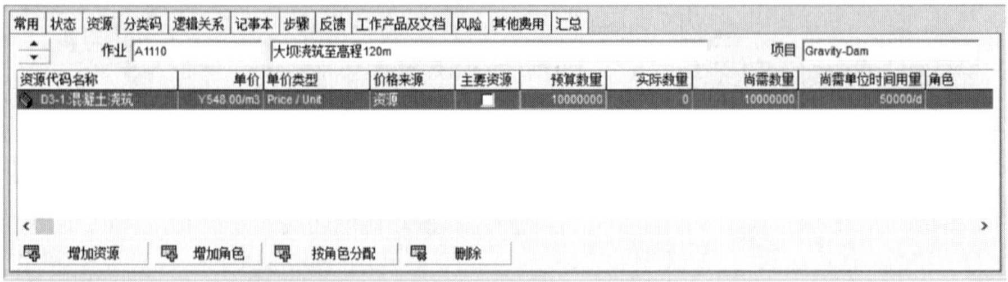

图 3.7

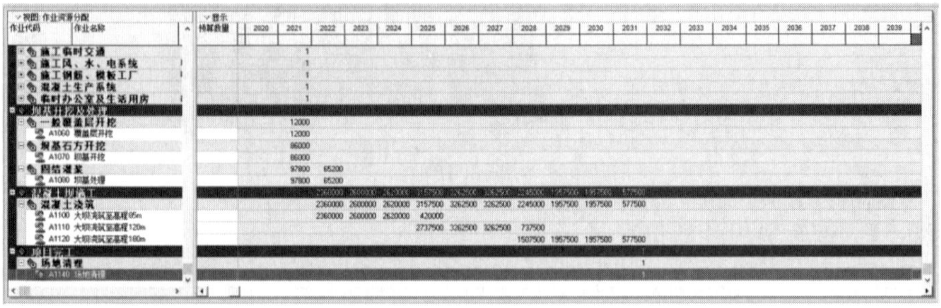

图 3.8

【步骤 4】 资源负荷分析，查看资源直方图。

点击资源直方图，生成混凝土月浇筑强度柱状图（图 3.9）。

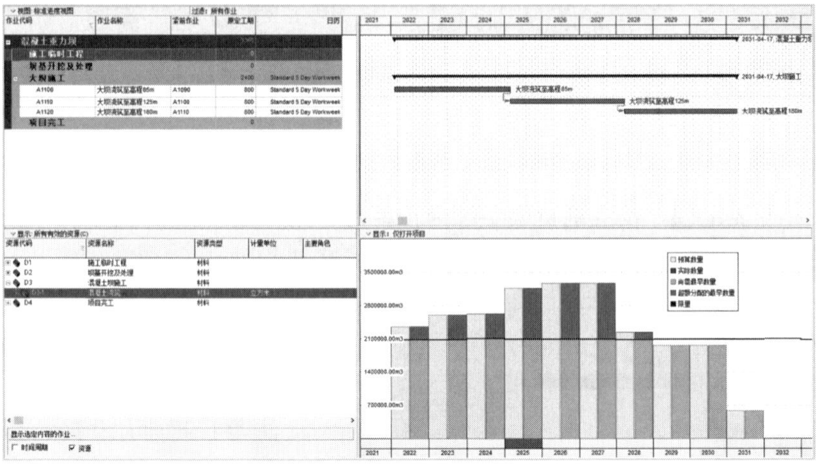

图 3.9

从图 3.9 中看出，2025—2027 年混凝土施工强度超过了 24 万 m^3/月的限制，说明该时间段出现了混凝土施工强度超过混凝土供应强度的情况，产生资源超负荷，因此需要调整该时段的施工强度，可把作业“大坝浇筑至高程 85m”和“大坝浇筑至高程 120m”的时间分别调整为 1000 天和 1300 天。混凝土年浇筑强度柱形图如图 3.10 所示。

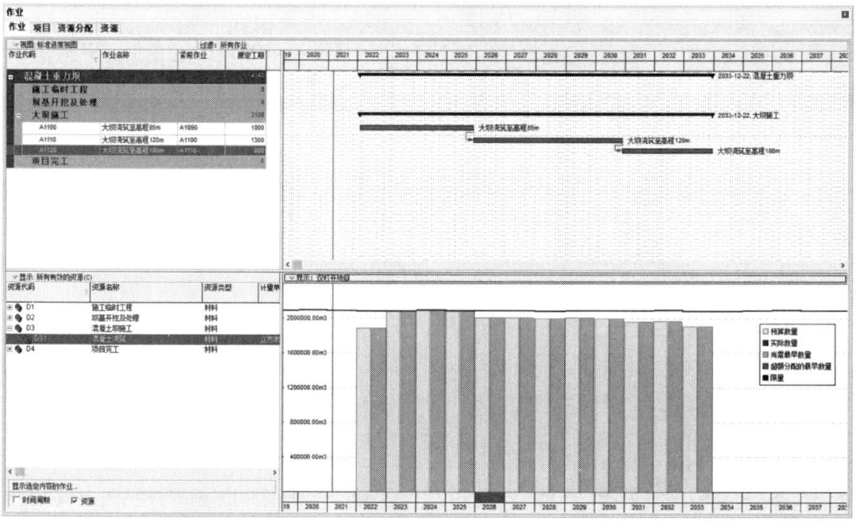

图 3.10

【步骤 5】 查看费用计划情况。

（1）使用剖析表，查看各时段内对资金的需求计划，如图 3.11 所示。

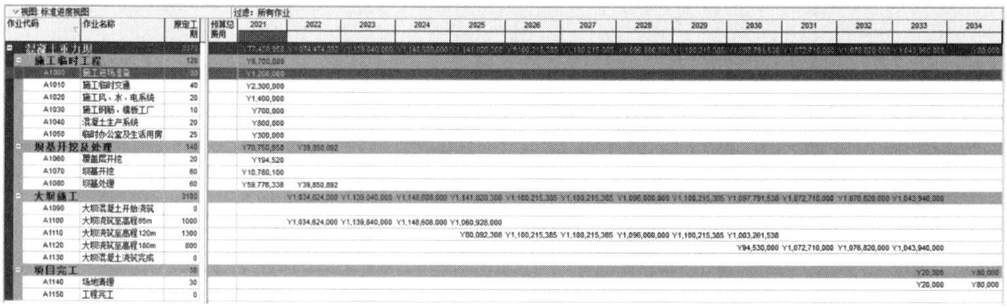

图 3.11

点击：作业表格，设置剖析表字段为预算总费用，如图 3.12 所示。

（2）使用作业直方图和累计曲线查看计划费用情况。

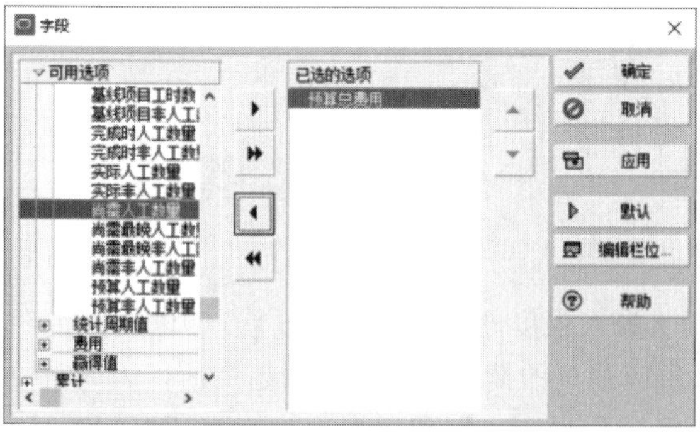

图 3.12

点击：作业直方图，作业使用直方图选项，设置如图 3.13 所示。费用累计曲线如图 3.14 所示。

注意：时间标尺，设置为年/季度。

【步骤 6】 首先设置进度计划目标，并分配目标。

选择菜单“项目⇒维护基线”，点击新增，增加一个重力坝工程基线（图 3.15），作为进度目标计划。

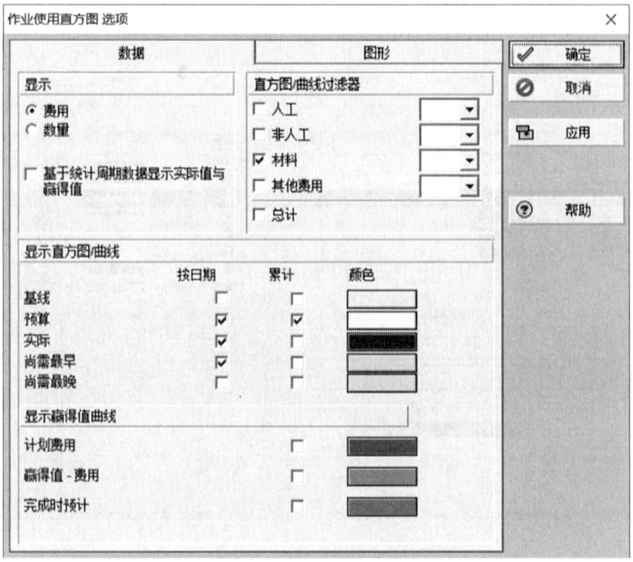

图 3.13

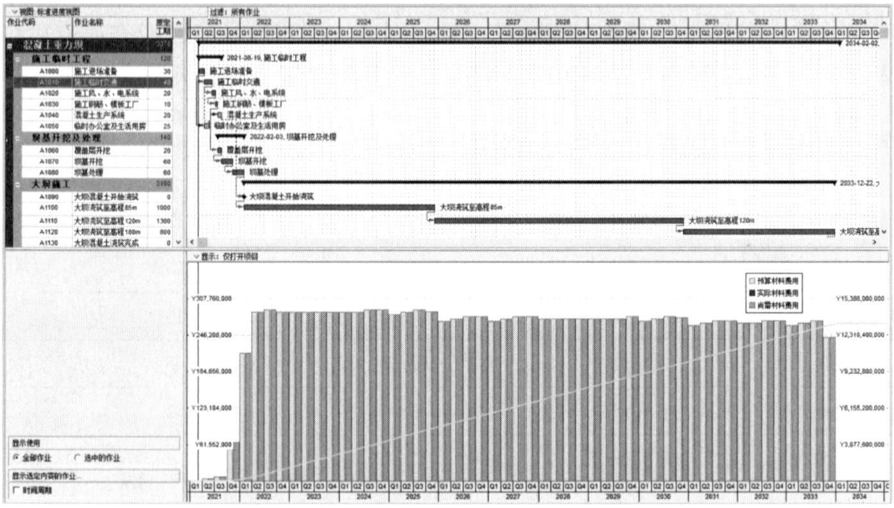

图 3.14

图 3.15

选择菜单“项目⇒分配基线”，并在“栏”选项卡里选中并设置项目基线横道（图3.16）。

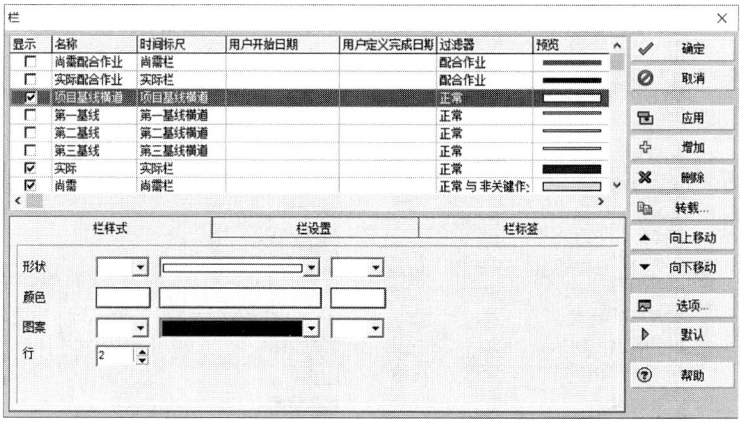

图3.16

【步骤7】 跟踪资源的实际使用量。

假设当前的数据日期为2021年10月1日，则截止到当前所有已经完成或正在执行的作业见表3.5。在相关作业的详细窗口，状态选项卡设置作业的已开始、已完成时间（图3.17）。资源的实际使用量见表3.6。

表3.5　　截至目前作业时间表

作业名称	状态	实际开始日期	实际完成日期	期望完成日期
施工进场准备	已完成	2021-03-15	2021-04-15	
施工临时交通	已完成	2021-04-16	2021-06-10	
施工风、水、电系统	已完成	2021-06-11	2021-07-08	
施工钢筋、模板工厂	已完成	2021-07-09	2021-07-22	
混凝土生产系统	已完成	2021-07-23	2021-08-19	
临时办公室及生活用房	已完成	2021-04-16	2021-05-20	
覆盖层开挖	已完成	2021-07-23	2021-08-19	
坝基开挖	正在进行	2021-08-23		2021-10-28

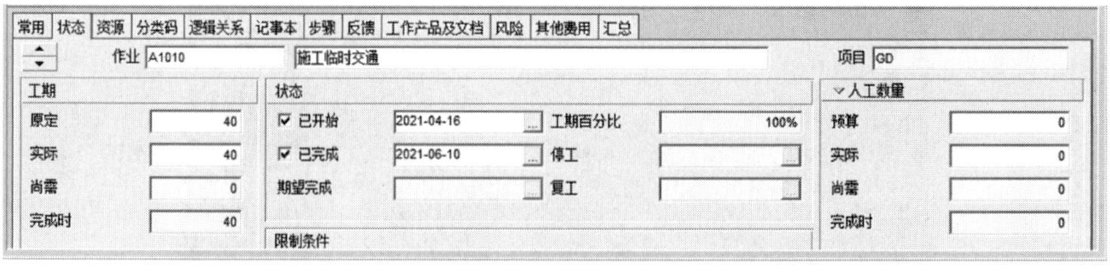

图3.17

表 3.6　　资源实际使用情况表

作业名称	状　态	分配资源	实际消耗	尚需数量
施工进场准备	已完成	项	1	0
施工临时交通	已完成	项	1	0
施工风、水、电系统	已完成	项	1	0
施工钢筋、模板工厂	已完成	项	1	0
混凝土生产系统	已完成	项	1	0
临时办公室及生活用房	已完成	项	1	0
覆盖层开挖	已完成	m^3	12000	0
坝基开挖	正在进行	m^3	5735	2865

注　覆盖层开挖的实际单价为 15 元/m^3。

在相关作业的详细窗口（图 3.18），资源选项卡设置资源的实际数量，便于计算实际费用。

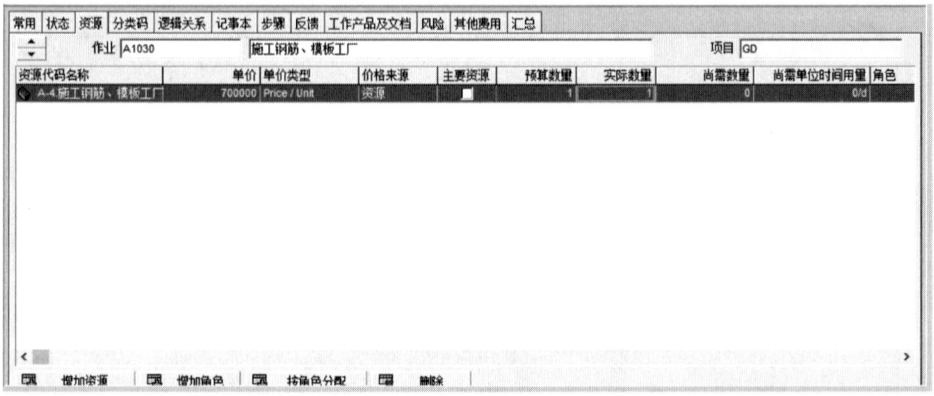

图 3.18

调整覆盖层开挖的单价为 15 元/m^3，点击“工具—重新计算分配费用”（图 3.19）。

图 3.19

【步骤 8】 利用赢得值分析费用使用情况。

通过设置栏位，调出计划费用、赢得值一费用、实际总费用、进度偏差、费用偏差，本项目的相关数据如图 3.20 所示。赢得值分析曲线见图 3.21。

视图: 标准进度视图　　过滤: 所有作业

作业代码	作业名称	原定工期	预算总费用	计划费用	赢得值 - 费用	实际总费用	进度差值	费用差值
重力坝工程		2860	13,269,387,330	12,284,570	4,081,253	14,066,733	1,796,683	14,520
施工临时工程		120	6,700,000	6,700,000	6,700,000	6,700,000	0	0
A1000	施工进场准备	30	1,200,000	1,200,000	1,200,000	1,200,000	0	0
A1010	施工临时交通	40	2,300,000	2,300,000	2,300,000	2,300,000	0	0
A1020	施工风、水、电系统	20	1,400,000	1,400,000	1,400,000	1,400,000	0	0
A1030	施工钢筋、模板工厂	10	700,000	700,000	700,000	700,000	0	0
A1040	混凝土生产系统	20	800,000	800,000	800,000	800,000	0	0
A1050	临时办公室及生活用/	25	300,000	300,000	300,000	300,000	0	0
坝基开挖及处理		130	110,587,330	5,584,570	7,381,253	7,366,733	1,796,683	14,520
A1060	覆盖层开挖	20	180,000	194,520	194,520	180,000	0	14,520
A1070	坝基开挖	60	10,780,100	5,390,050	7,186,733	7,186,733	1,796,683	0
A1080	坝基处理	60	99,627,230	0	0	0	0	0
大坝施工		2600	13,152,000,000	0	0	0	0	0
A1090	大坝混凝土开始浇筑	0	0	0	0	0	0	0
A1100	大坝浇筑至高程85m	800	4,384,000,000	0	0	0	0	0
A1110	大坝浇筑至高程120m	1000	5,480,000,000	0	0	0	0	0
A1120	大坝浇筑至高程180m	800	3,288,000,000	0	0	0	0	0
A1130	大坝混凝土浇筑完成	0	0	0	0	0	0	0
项目完工		30	100,000	0	0	0	0	0
A1140	场地清理	30	100,000	0	0	0	0	0
A1150	工程完工	0	0	0	0	0	0	0

图 3.20

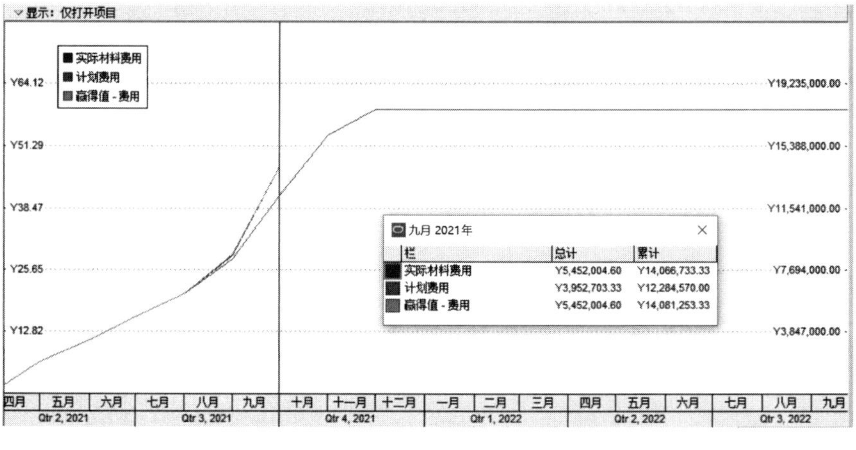

图 3.21

由图 3.21 进度偏差 SV>0 可知目前进度提前；费用偏差 CV>0，可知费用节支。综上，该项目进行正常，并且节约了实际支出，不需要采取任何措施，继续执行即可。

3.8　评价反馈

评价包括学生自评（占 50%）和教师评价（占 50%）两部分，学生自评表和教师评价表见表 3.7 和表 3.8。

表 3.7　　学生自评表

班　级		姓　名		学　号	
学习任务 3	重力坝工程成本管理软件应用				
评价项目	评价标准			分值	得分
①定义资源库	能够定义各种类型的资源			10	
②资源需求	能够对作业分配资源，录入预算数量			20	
③资源直方图	能够生成材料使用强度柱形图			20	
④费用 S 曲线	能够查看费用计划 S 曲线			20	
⑤赢得值曲线	能够利用赢得值曲线进行进度和费用偏差分析			20	
⑥生成相关图表	准确生成进度计划图，实际进度执行图			10	
合　计				100	

表 3.8　　教师评价表

班　级		姓　名		学　号	
学习任务 3	重力坝工程成本管理软件应用				
评价项目	评价标准			分值	得分
①平时表现	出勤、课堂表现			40	
②成果评价	生成进度计划图、相关报告			30	
③小组表现	团队合作完成任务			30	
合　计				100	

3.9　相关知识点

3.9.1　水利工程工程清单计价简介

工程量清单(bill of quantity，BOQ) 是 19 世纪 30 年代产生的，西方国家应用较广，一般认为计算工程量、提供工程量清单专业是业主估价师的职责，所有的投标都要以业主提供的工程量清单为基础，从而使得最后的投标结果具有可比性。工程量清单报价是建设工程招投标工作中，由招标人按国家统一的工程量计算规则提供工程数量，由投标人自主报价，并按照招标人要求的评标办法评标的工程造价计价模式。

《水利水电工程标准施工招标文件》(2009 年版) 提供了两种工程量清单编制格式，招标人可根据招标项目具体特点选择使用。第一种格式的编制基础是《水利工程工程量清单计价规范》(GB 50501—2007)(以下简称《清单计价规范》)；第二种格式的编制基础是《水利水电工程施工合同和招标文件示范文本》(GF－2000－0208)。

工程量清单由分类分项工程量清单、措施项目清单、其他项目清单和零星工作项目清单组成。

3.9.1.1　分类分项工程量清单

分类分项工程量清单应包括序号、项目编码、项目名称、计量单位、工程数量、主要技术条款编码和备注。分类分项工程量清单应根据《清单计价规范》规定的项目编码、项目名称、主要项目特征、计量单位、工程量计算规则、主要工作内容和一般适用范围进行编制。具体要求如下。

（1）项目编码：采用 12 位阿拉伯数字表示（由左至右计位）。1～9 位为统一编码，其中，1、2 位为水利工程顺序码，3、4 位为专业工程顺序码，5、6 位为分类工程顺序码，7、8、9 位为分项工程顺序码，10～12 位为清单项目名称顺序码。建筑工程工程量清单项目自 001 起顺序编制，安装工程工程量清单项目自 000 起顺序编制。例如一般石方开挖的项目编号为 500102001001。

（2）项目名称：根据主要项目特征并结合招标工程的实际确定。

（3）计量单位：应按规定的计量单位确定。

（4）工程数量：清单工程量又称为招标工程量、估算工程量，签订合同后为合同工程量，编制施工计划时的计划工程量。工程数量应根据合同技术条款计量和支付规定计算。工程数量的有效位数应遵守下列规定：以“m^3”“m^2”“m”“kg”“个”“项”“根”“块”“组”“面”“只”“相”“站”“孔”“束”为单位的，应取整数；以“t”“km”为单位的，应保留小数点后 2 位数字，第 3 位数字四舍五入。例如表 3.9 为南水北调某分类分项工程量清单。

表 3.9　　南水北调某分类分项工程量清单

合同编号：HNJ－2010/XZ/SG－001

工程名称：南水北调中线一期工程总干渠沙河南—黄河南（委托建管项目）新郑南段

序号	项目编码	项目名称	计量单位	工程数量	单价/元	合价/元	备注
1		建筑工程					
1.1		渠道建筑工程					
1.1.1		渠道土方工程					
1.1.1.1	500101002001	土方开挖	m^3	1634824			
1.1.1.2	500103001001	渠堤土方填筑	m^3	159205			
…							

3.9.1.2 措施项目清单

措施项目指为完成工程项目施工，发生于该工程施工前和施工过程中招标人不要求列示工程量的施工措施项目。措施项目清单主要包括环境保护、文明施工、安全防护、小型临时工程、施工企业进退场费、大型施工设备安拆费等，应根据招标工程的具体情况参考表 3.10 编制。

表 3.10　　措施项目一览表

序　号	项　目　名　称
1	环境保护措施
2	文明施工措施
3	安全防护措施
4	小型临时工程
5	施工企业进退场费
6	大型施工设备安拆费
	…

3.9.1.3 其他项目清单

其他项目指为完成工程项目施工，发生于该工程施工过程中招标人要求计列的费用项目。其他项目清单列暂列金额和暂估价项目。暂列金额指招标人为暂定项目和可能发生的合同变更而预留的金额，一般可取分类分项工程项目和措施项目合价的5%。

暂估价项目是指发包人在清单内给定用于支付已经发生但暂时不能确定价格的材料、设备以及专业工程（如土坝工程除险加固管理房建设、观测设备等）的金额。

3.9.1.4 零星工作项目清单

零星工作项目指完成招标人提出的零星工作项目所需的人工、材料、机械单价，也称"计日工"。

编制人应根据招标工程具体情况，对工程实施过程中可能发生的变更或新增加的零星项目，列出人工（按工种）、材料（按名称和规格型号）、机械（按名称和规格型号）的计量单位，编制零星工作项目清单，并随工程量清单发至投标人。

3.9.1.5 工程量清单格式

工程量清单根据《清单计价规范》应采用统一格式。工程量清单格式应由下列内容组成：

（1）封面。

（2）填表须知。

（3）总说明。

（4）分类分项工程量清单。

（5）措施项目清单。

（6）其他项目清单。

（7）零星工作项目清单。

（8）其他辅助表格。

1）招标人供应材料价格表。

2）招标人提供施工设备表。

3）招标人提供施工设施表。

3.9.2 施工强度

施工强度是根据进度计划得出的月或者年等单位时间完成的施工工程量，图3.22和图3.23是三峡工程施工总进度网络图与施工强度图。

3.9.3 按工程进度编制施工成本计划

按工程进度编制施工成本计划，先对施工成本目标按时间进行分解，在网络计划的基础上，获得项目进度计划的横道图，并在此基础上编制成本计划。网络计划在编制时，既要考虑进度控制对项目划分的要求，又要考虑确定施工成本支出计划对项目划分的要求，要做到两者兼顾。

成本计划的表示方式有两种：①在时标网络图上按月编制的成本计划，如图3.24所示；②利用时间-成本累计曲线（S形曲线）表示，如图3.25所示。

时间-成本累计曲线的绘制步骤如下：

（1）确定工程项目进度计划，编制进度计划的横道图。

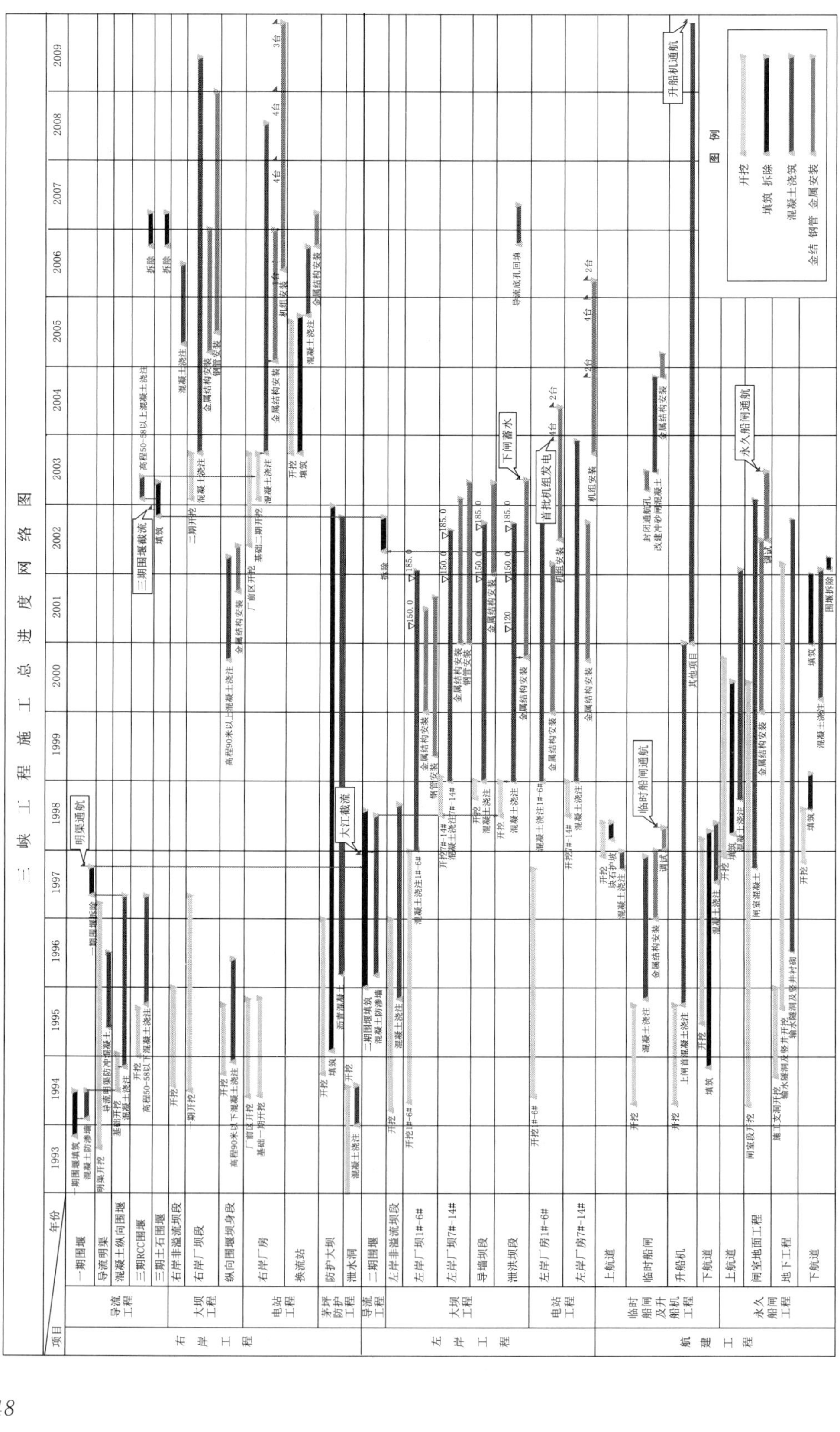
三峡工程施工总进度网络图
项目
年份
1993
1994
1995
1996
1997
1998
1999
2000
2001
2002
2003
2004
2005
2006
2007
2008
2009
右岸工程
导流工程
一期围堰
导流明渠
混凝土纵向围堰
三期RCC围堰
三期土石围堰
大坝工程
右岸非溢流坝段
右岸厂坝段
纵向围堰坝身段
电站工程
右岸厂房
换流站
茅坪防护工程
防护大坝
泄水洞
左岸工程
导流工程
二期围堰
大坝工程
左岸非溢流坝段
左岸厂坝1#~6#
左岸厂坝7#~14#
导墙坝段
泄洪坝段
电站工程
左岸厂房1#~6#
左岸厂房7#~14#
航建工程
临时船闸及升船机工程
上航道
临时船闸
升船机
下航道
永久船闸工程
上航道
闸室地面工程
地下工程
下航道
明渠通航
大江截流
三期围堰截流
下闸蓄水
首批机组发电
临时船闸通航
永久船闸通航
升船机通航
图例
开挖
填筑 拆除
混凝土浇筑
金结 钢管 金属安装

图 3.22

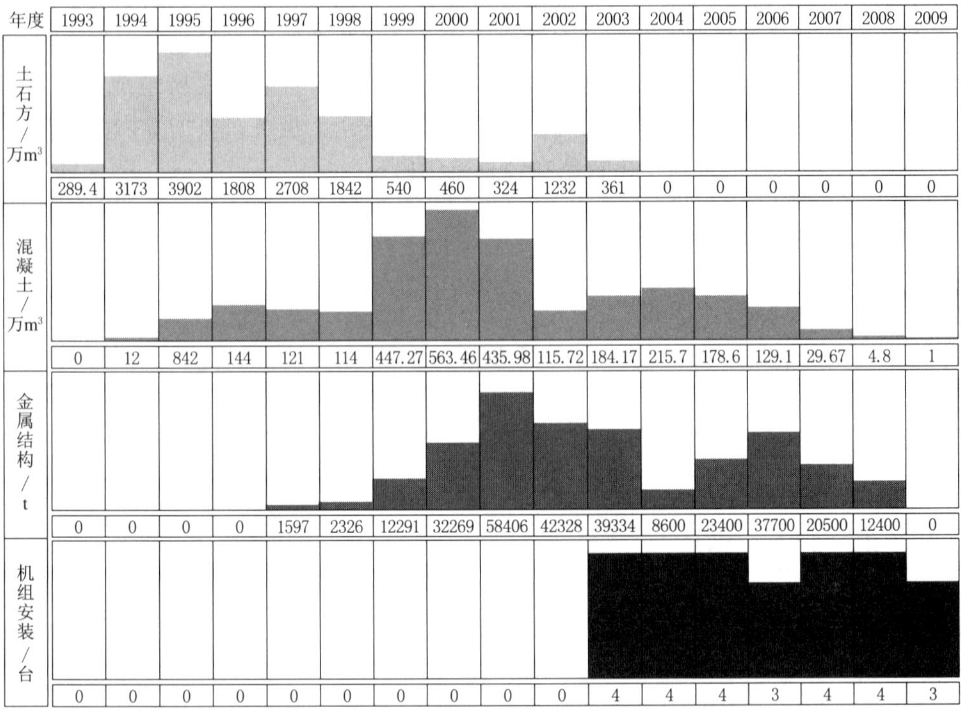

图 3.23

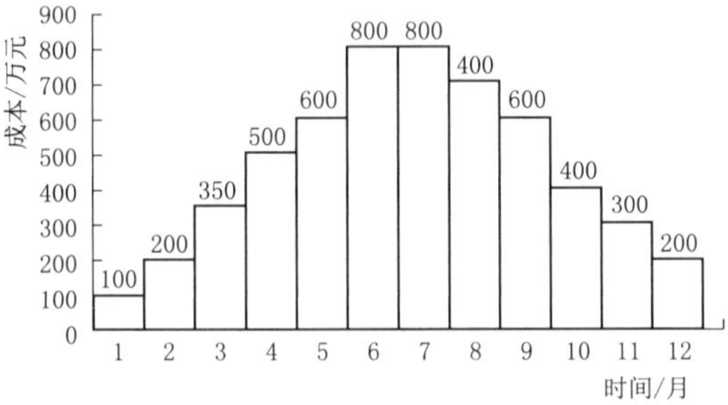

图 3.24

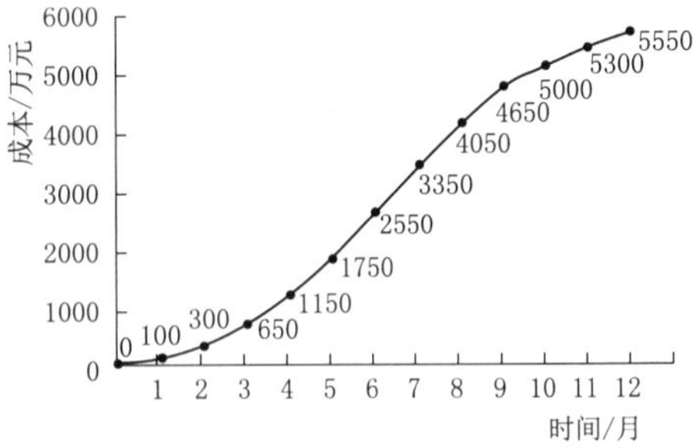

图 3.25

(2) 根据每单位时间内完成的实物工程量或投入的人力、物力和财力，计算单位时间（月或旬）的成本，在时标网络图上按时间编制成本支出计划，见图 3.24。

(3) 计算规定时间 t 计划累计支出的成本额，其计算方法为：各单位时间计划完成的成本额累加求和，可按下式计算：

$$Q_t = \sum_{n=1}^{t} q_n$$

式中 Q_t——某时间 t 内计划累计支出成本额；

q_n——单位时间 n 的计划支出成本额；

t——某规定计划时刻。

(4) 按各规定时间 t 所相应的 Q_t 值，绘制 S 形曲线，如图 3.25 所示。

每一条S形曲线都对应某一特定的工程进度计划，因为在成本计划的非关键线路中存在许多有时差的工序或工作，因而S形曲线（成本计划值曲线）必然包罗在由全部工作都按最早开始时间开始和全部工作都按最迟必须开始时间开始的曲线所组成的“香蕉图”内。项目经理可根据编制的成本支出计划来合理安排资金，也可以根据筹措的资金来调整S形曲线，力争将实际的成本支出控制在计划范围内。

3.9.4 施工成本计划管理案例

背景资料：某施工项目的数据资料见表3.11。

表3.11 工程数据资料

编码	项目名称	ES	工期/月	成本强度/(万元/月)
11	场地平整	1	1	20
12	基础施工	2	3	15
13	主体工程施工	4	5	30
14	砌筑工程施工	8	3	20
15	屋面工程施工	10	2	30
16	楼地面施工	11	2	20
17	室内设施安装	11	1	30
18	室内装饰	12	1	20
19	室外装饰	12	1	10
20	其他工程		1	10

问题：绘制该项目的时间-成本累计曲线（S形曲线）。

解：（1）确定施工项目进度计划，编制进度计划的横道图，如图3.26所示。

编码	项目名称	时间/月	费用强度/(万元/月)	工程进度/月											
				1	2	3	4	5	6	7	8	9	10	11	12
11	场地平整	1	20												
12	基础施工	3	15												
13	主体工程施工	5	30												
14	砌筑工程施工	3	20												
15	屋面工程施工	2	30												
16	楼地面施工	2	20												
17	室内设施安装	1	30												
18	室内装饰	1	20												
19	室外装饰	1	10												
20	其他工程	1	10												…
合计				20	15	15	45	30	30	30	50	20	50	80	50

图3.26

（2）在横道图上按时间编制成本计划，如图 3.27 所示。

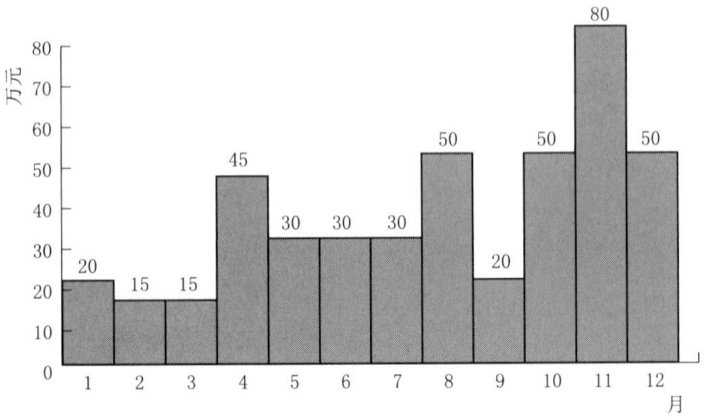

图 3.27

（3）计算规定时间 t 计划累计支出的成本额，见表 3.12。

表 3.12　　累 计 支 出 的 成 本 额

编码	项目名称	时间/月	费用强度/(万元/月)	工程进度/月											
				1	2	3	4	5	6	7	8	9	10	11	12
11	场地平整	1	20												
12	基础施工	3	15												
13	主体工程施工	5	30												
14	砌筑工程施工	3	20												
15	屋面工程施工	2	30												
16	楼地面施工	2	20												
17	室内设施安装	1	30												
18	室内装饰	1	20												
19	室外装饰	1	10												
20	其他工程	1	10												
合计				20	15	15	45	30	30	30	50	20	50	80	50
累计				20	35	50	95	125	155	185	235	255	305	385	435

（4）绘制 S 形曲线，如图 3.28 所示。

3.9.5 赢得值法控制成本

赢得值法（earned value management，EVM）作为一项先进的项目管理技术，最初是美国国防部于 1967 年首次确立的。到目前为止，国际上先进的工程公司已普遍采用赢得

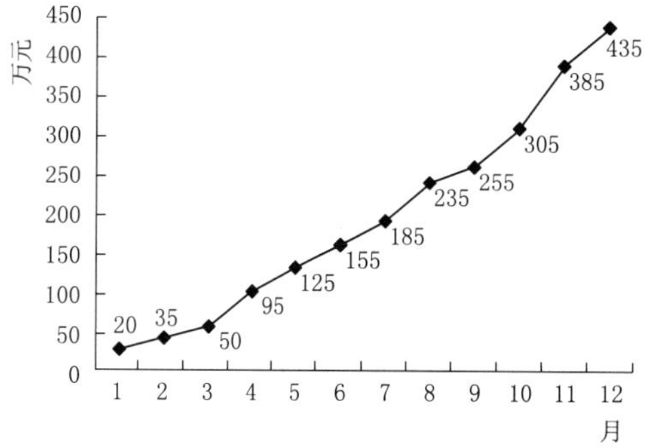

图 3.28

值法进行工程项目的费用、进度综合分析控制。用赢得值法进行费用、进度综合分析控制，基本参数有三项，即已完工作预算费用、计划工作预算费用和已完工作实际费用。赢得值分析法又称为挣值法或偏差分析法，是在工程项目实施中使用比较多的一种方法。赢得值法是对项目的进度和费用进行控制的一种有效的方法。

赢得值法的价值在于将项目的进度和费用来综合度量，从而能准确地描述项目的进展状态。优点是可以预测项目可能发生的工期滞后量和费用超支量，从而采取纠正措施，为项目管理和控制提供了有效的手段。

3.9.5.1 赢得值法的三个基本参数

1. 已完工作预算费用

已完工作预算费用（Budgeted Cost for Work Performed，BCWP），是指在某一时间已经完成的工作（或部分工作），以批准认可的预算为标准所需要的资金总额，由于业主正是根据这个值为承包人完成的工作量支付相应的费用，也就是承包人获得（挣得）的金额，故称赢得值或挣值。

已完工作预算费用(BCWP)＝已完成工作量×预算单价

2. 计划工作预算费用

计划工作预算费用（Budgeted Cost for Work Scheduled，BCWS），即根据进度计划，在某一时刻应当完成的工作（或部分工作），以预算为标准所需要的资金总额，一般来说，除非合同有变更，BCWS在工程实施过程中应保持不变。

计划工作预算费用(BCWS)＝计划工作量×预算单价

3. 已完工作实际费用

已完工作实际费用，（Actual Cost for Work Performed，ACWP），即到某一时刻为止，已完成的工作（或部分工作）所实际花费的总金额。

已完工作实际费用(ACWP)＝已完成工作量×实际单价

3.9.5.2 赢得值法的四个评价指标

在BCWP、BCWS、ACWP这三个基本参数的基础上，可以确定赢得值法的四个评价指标，它们也都是时间函数。

1. 费用偏差CV（cost variance）

费用偏差(CV)＝已完工作预算费用(BCWP)－已完工作实际费用(ACWP)

当费用偏差（CV）为负值时，即表示项目运行超出预算费用；当费用偏差（CV）为正值时，表示项目运行节支，实际费用没有超出预算费用。

2. 进度偏差SV（schedule variance）

进度偏差(SV)＝已完工作预算费用(BCWP)－计划工作预算费用(BCWS)

当进度偏差（SV）为负值时，表示进度延误，即实际进度落后于计划进度；当进度偏差（SV）为正值时，表示进度提前，即实际进度快于计划进度。

3. 费用绩效指数 CPI

费用绩效指数(CPI)＝已完工作预算费用(BCWP)/已完工作实际费用(ACWP)

当费用绩效指数 CPI<1 时，表示超支，即实际费用高于预算费用；当费用绩效指数 CPI>1 时，表示节支，即实际费用低于预算费用。

4. 进度绩效指数（SPI）

进度绩效指数(SPI)＝已完工作预算费用(BCWP)/计划工作预算费用(BCWS)

当进度绩效指数 SPI<1 时，表示进度延误，即实际进度比计划进度拖后；当进度绩效指数 SPI>1 时，表示进度提前，即实际进度比计划进度快。

费用（进度）偏差反映的是绝对偏差，结果很直观，有助于费用管理人员了解项目费用出现偏差的绝对数额，并依此采取一定措施，制订或调整费用支出计划和资金筹措计划。但是绝对偏差有其不容忽视的局限性。

运用赢得值法对项目的实施情况作出客观地评估，可及时发现原有问题和执行中的问题，有利于查找问题的根源，并能判断这些问题对进度和费用产生影响的程度，以便采取必要的措施去解决这些问题。

3.9.6 利用项目管理软件控制成本步骤

在确定了施工成本计划之后，必须定期地进行施工成本计划值与实际值的比较，当实际值偏离计划值时，分析产生偏差的原因，采取适当的纠偏措施，以确保施工成本控制目标的实现。其步骤如下。

3.9.6.1 比较

按照某种确定的方式将施工成本计划值与实际值逐项进行比较，以发现施工成本是否已超支。

3.9.6.2 分析

在比较的基础上，对比较的结果进行分析，以确定偏差的严重性及偏差产生的原因。这一步是施工成本控制工作的核心，其主要目的在于找出产生偏差的原因，从而采取有针对性的措施，减少或避免相同原因的再次发生并减少由此造成的损失。

3.9.6.3 预测

按照完成情况估计完成项目所需的总费用。

3.9.6.4 纠偏

当工程项目的实际施工成本出现了偏差，应当根据工程的具体情况、偏差分析和预测的结果，采取适当的措施，以期达到使施工成本偏差尽可能小的目的。纠偏是施工成本控制中最具实质性的一步。

只有通过纠偏，才能最终达到有效控制施工成本的目的。

对偏差原因进行分析的目的是为了有针对性地采取纠偏措施，从而实现成本的动态控制和主动控制。纠偏首先要确定纠偏的主要对象，偏差原因有些是无法避免和控制的，如客观原因，充其量只能对其中少数原因做到防患于未然，力求减少该原因所产生的经济损失。在确定了纠偏的主要对象之后，就需要采取有针对性的纠偏措施。纠偏可采用组织措经济措施、技术措施和合同措施等。

3.9.6.5 检查

检查是指对工程的进展进行跟踪和检查，及时了解工程进展状况以及纠偏措施的执行情况和效果，为今后的工作积累经验。

工作任务4　航道整治项目管理软件应用（拓展篇）

4.1　工作任务

4.1.1　工程概况

刘山船闸位于江苏省邳州市宿羊山镇，随着京杭运河徐扬段船闸扩容工程和“三改二”航道整治工程的实施完成，航道沿线船舶数量增加迅速，船舶大型化发展很快。目前，刘山船闸下游引航道条件相对较差，一是多年未进行疏浚，河底有一定的淤积，造成低水位时船舶航行条件较差，难以满足双线航道 60m 的通航条件；二是由于该段待泊船舶较多，多在一号船闸下游左岸靠船段下游集中停靠很多待闸船舶，使得下游引航道部分航道航宽仅 54m 左右，船舶进出闸安全隐患较大，故刘山船闸下游引航道段航道成为刘山船闸下游引航道的“卡脖子”航段，迫切需要进行整治。刘山船闸下游引航道段航道整治工程，整治长度约 0.32km，包括新建钢板桩护岸、模袋混凝土护坡和航道疏浚工程，主要工程量见表 4.1。

表 4.1　　主要工程数量表

序号	项　目	单　位	工程量	备　注
1	水下挖方量	m^3	20367.0	
2	钢板桩护岸（COZ21）	根	153.8	型号 BOX - OZ21
3	钢筋混凝土帽梁 C30	m^3	403.8	
4	帽梁配筋	kg	24607.7	
5	帽梁钢护面	kg	28183.4	
6	钢护面锚筋 C12	kg	1500.7	
7	灌砌块石	m^3	432.6	
8	浆砌块石护坡拆除	m^3	225.8	
9	现浇 C25 混凝土压顶	m^3	22.7	
10	填充米砂	m^3	176.4	
11	袋装土	m^3	645.6	
12	水下模袋混凝土	m^3	316.6	
13	ϕ60PVC 管	m	18.0	单根长 1m
14	高压聚乙烯板	m^3	0.3	

工程所在地水陆交通较便利，钢板桩护岸位于下游航道西侧岸坡，岸坡全线原有护岸浆砌块石护坡须进行清除，钢板桩施工前对全线河床进行清底。

4.1.2 建设目标

4.1.2.1 质量目标

确保工程质量合格；检验批、分项、分部工程施工质量检验合格率 100%；认真贯彻《建设工程质量管理条例》，落实各项技术质量保证措施，质量事故为零。

4.1.2.2 工期目标

本工程拟开工日期为 2016 年 11 月 25 日（实际以监理工程师签发的开工令为准），拟完工日期为 2017 年 5 月 25 日，总工期 6 个月，按业主工期要求安全、高效、优质完成施工任务。

4.1.2.3 安全生产目标

严格执行国家有关安全法规，落实工程中防台措施及其他安全措施，确保施工期内无重大安全事故，杜绝死亡事故、海损事故，重大机损责任事故为 0，施工过程中危险点受控率达 100%。

4.1.2.4 文明施工目标

制定切实可行的文明施工的措施与制度，并严格执行，遵守业主的各项规章制度，确保施工规范化、标准化，各工序有条不紊进行。

4.1.2.5 环境保护目标

施工过程中制定完善的环保、水保措施，废水、弃碴以及工程垃圾按规定排放、处理，确保工程所处的环境及沿线水域不受污染和破坏。

4.1.3 工期进度安排

4.1.3.1 总体施工部署

积极响应招标文件要求，综合考虑施工技术条件、施工环境、气候条件等因素，确定施工总体安排。钢板桩施工为本项目的核心，钢板桩施工拟从岸坡修筑便道进行陆上施打。

考虑到本工程刘山船闸下游航道处船舶密集，船舶流量大，若水上进行钢板桩沉桩，施工船抛锚定位后势必严重妨碍通航。若采取航道封航措施，从实际情况分析，社会影响大且工程经济性差，则不可取。

经现场踏勘与反复调研，钢板桩拟采用从岸坡处修筑便道，采用履带式打拔桩机进行施打。浆砌块石的拆除以长臂挖掘机从岸侧进行挖掘拆除。现浇混凝土与模袋混凝土的施工，拟利用岸坡施工便道进行材料运输和组织施工，挖泥疏浚为常规水上施工。

4.1.3.2 总体施工流程

总体施工顺序流程如图 4.1 所示。

4.1.3.3 总工期及节点目标

本工程计划开工时间为 2016 年 11 月 25 日，计划完工时间为 2017 年 5 月 25 日，总工期为 6 个月。

主要节点目标：

（1）2017 年 1 月 20 日前，完成全部钢板桩施工。

（2）2017 年 4 月 5 日前，完成模袋混凝土施工。

（3）2017 年 5 月 25 日前，完成全部施工任务，具备交工验收条件。

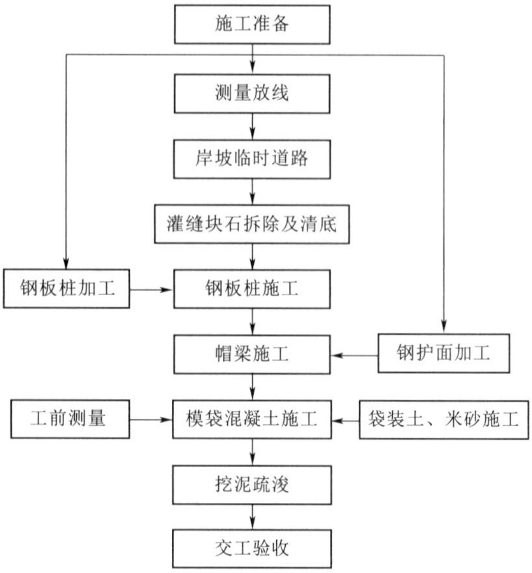

图 4.1

4.1.4 任务要求

基于以上资料利用项目管理软件进行进度管理：

（1）编制作业明细表。

（2）利用软件编制进度计划。

（3）根据工程和节点限制条件，优化进度计划。

（4）进行进度动态跟踪和调整。

（5）进行费用和资源跟踪、预测和调整。

4.2 工作目标

（1）能够编制进度计划图。

（2）估算作业资源需求计划，制作资源需求计划表格。

（3）能够生成资源直方图（资源强度柱状图）。

（4）能跟踪资源的实际使用量。

（5）使用作业表格查看费用。

（6）使用作业直方图查看费用 S 曲线。

（7）项目信息的组织和发布。

4.3 任务分组

按照表 4.2 填写任务分组名单。

表 4.2　　学生任务分组表

班级		组号		指导老师	
组长		学号			
组员					
任务分工					

4.4 引导问题

引导问题 1：航道整治工程进度计划编制项目划分原则是什么？

引导问题 2：航道整治工程资源曲线的含义是什么？

引导问题 3：如何进行成本控制？

4.5 工作计划

按照收集的信息，制订利用项目管理软件进行费用控制的计划。利用流程图画出工作计划图。

4.6 进度决策

由教师带领学生采用项目管理软件对费用控制任务实施方案进行确定，为任务的实施做好准备。

4.7 工作实施

4.7.1 子任务 1：利用项目管理软件进行进度管理

【步骤 1】 根据工程量表及工期节点要求编制作业明细表，见表 4.3。

【步骤 2】 按照进度编制方法【建立 EPS—项目—WBS—作业—进度计算】，生成河道整治工程的进度计划图（初拟），如图 4.2 和图 4.3 所示。

表 4.3　　　　刘山船闸下游航道整治工程施工作业明细表

WBS	作业名称	作业代码	紧前工作	持续时间/天
工程准备期	施工准备	A1000		10
	施工道路	A1010	A1000	5
主体工程施工期	原护坡块石拆除清理	A1020	A1010	10
	钢板桩加工制作	A1030	A1000	40
	钢板桩沉桩	A1040	A1020，A1030	30
	帽梁施工	A1050	A1040	30
	灌砌块石	A1060	A1050	5
	模袋混凝土施工	A1070	A1060	25
	挖泥疏浚	A1080	A1070	45
工程完建期	场地清理	A1090	A1080	5
	交工验收	A1100	A1090	2

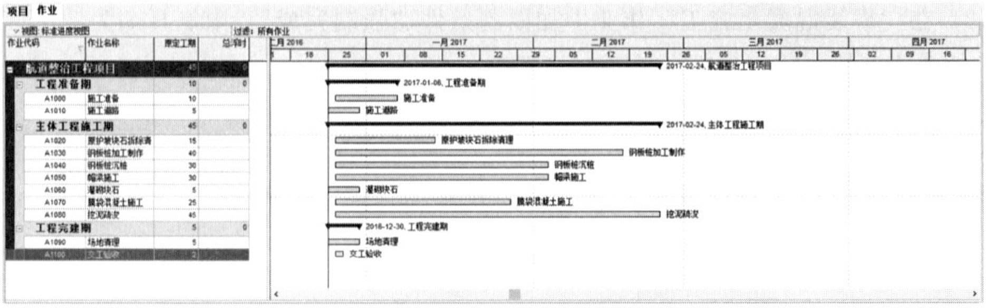

图 4.2

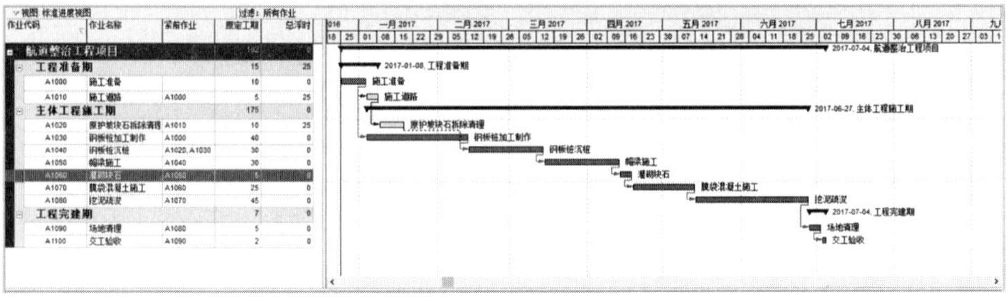

图 4.3

由图 4.2 和图 4.3 可知，完工时间为 2017 年 7 月 4 日，全部钢板桩施工完毕时间为 2017 年 3 月 14 日，模袋混凝土施工完成时间为 2017 年 5 月 3 日。

【步骤 3】 根据总工期及节点目标，优化进度计划，生成目标进度计划（最终）。

根据工期节点如下：

（1）计划开工时间 2016 年 11 月 25 日。

（2）计划完工时间 2017 年 5 月 25 日。

（3）2017 年 1 月 20 日前，完成全部钢板桩施工。

（4）2017 年 4 月 5 日前，完成模袋混凝土施工。

【步骤 3－1】 把以上条件作为限制条件，增加到进度计划中，重新计算进度，会产生负浮时。

（1）在“钢板桩沉桩”作业中加限制条件“强制完成”，限制日期为 2017 年 1 月 20 日，如图 4.4 所示。

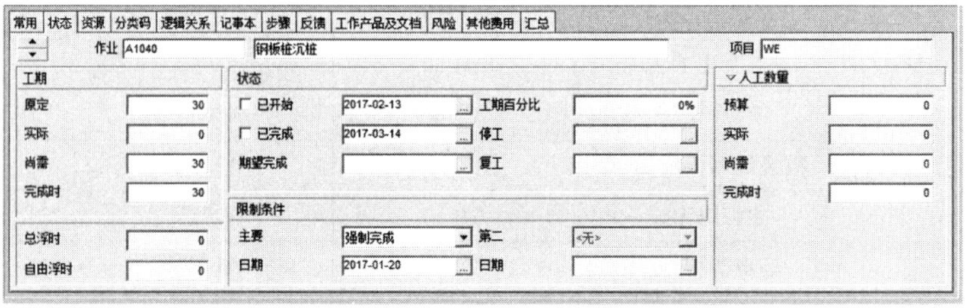

图 4.4

（2）在“模袋混凝土施工”作业中加限制条件“强制完成”，限制日期为 2017 年 4 月 5 日，如图 4.5 所示。

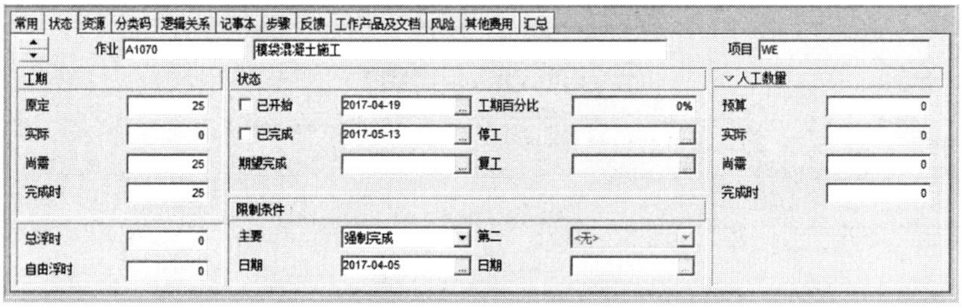

图 4.5

（3）在当前项目上设置必须完成日期为 2017 年 5 月 25 日（图 4.6）。

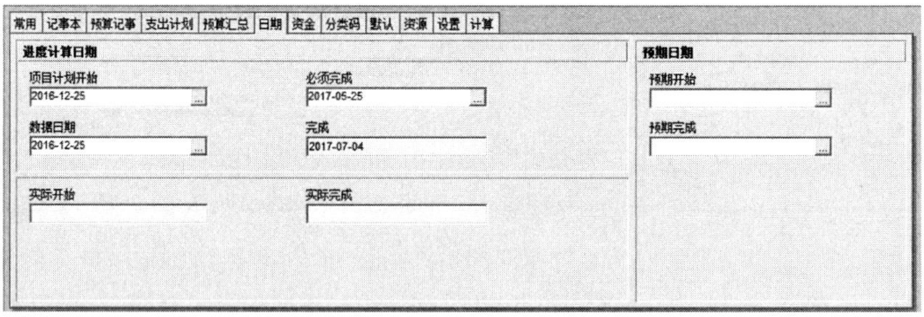

图 4.6

【步骤 3－2】 进行进度计算后，出现了负浮时（图 4.7）。

【步骤 3－3】 调整相关作业消除负浮时。

（1）把“钢板桩加工制作”和“钢板桩沉桩”的逻辑关系由 FS 变为搭接关系 SS，延时 17 天（图 4.8）。

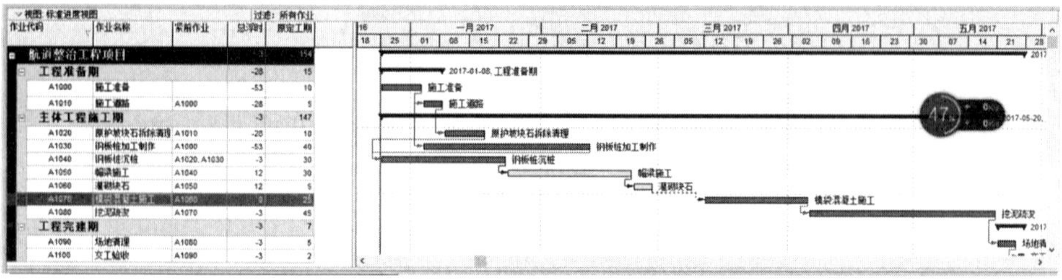

图 4.7

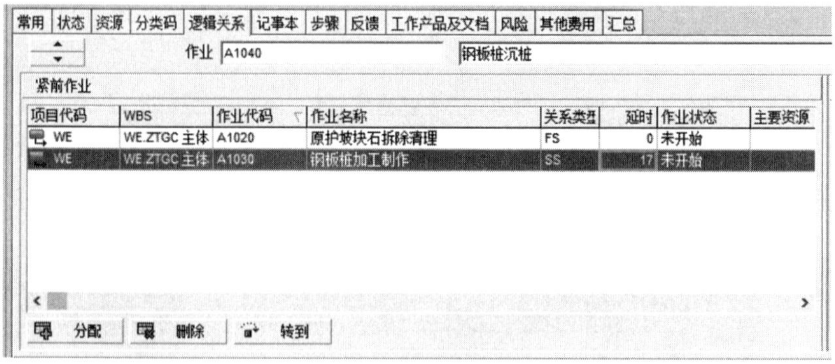

图 4.8

（2）把“挖泥疏浚”作业的原定工期更改为 42 天。

（3）重新计算，所有负浮时已经消除（图 4.9）。

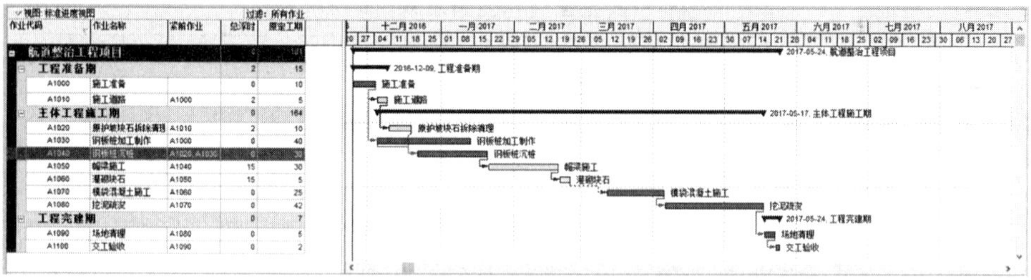

图 4.9

【步骤 3－4】 将此图保存为进度计划值（目标值）（打印存为 pdf）。

项目的进度计划编制完成后，为项目计划保存一个副本，作为项目的目标计划。

选择菜单“项目⇒维护基线”，把当前项目另存为新基线（图 4.10）。

选择菜单“项目⇒分配基线”，将保存好的目标分配给当前项目，作为当前项目的“项目目标计划”（图 4.11）。

选择菜单“显示⇒栏”，勾选“项目基线横道”（设置黄色为基线横道），如图 4.12 所示。在横道图中查看和对比当前计划和目标计划的横道（图 4.13）。

【步骤 4】 进度跟踪分析与调整。

假设当前项目日期是 2017 年 1 月 10 日，截止到当前所有已经完成或正在执行的作业见表 4.4。

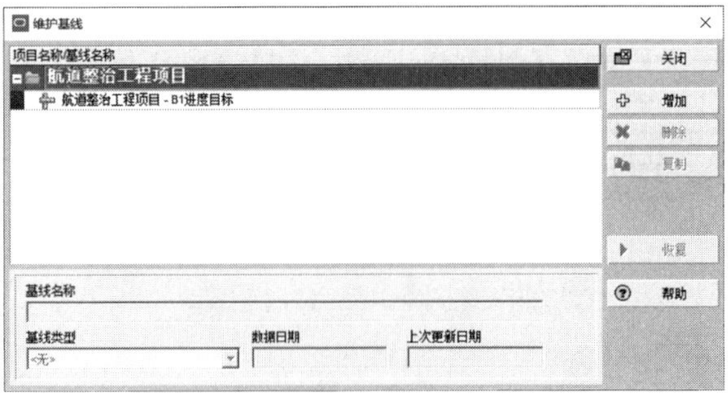

图 4.10

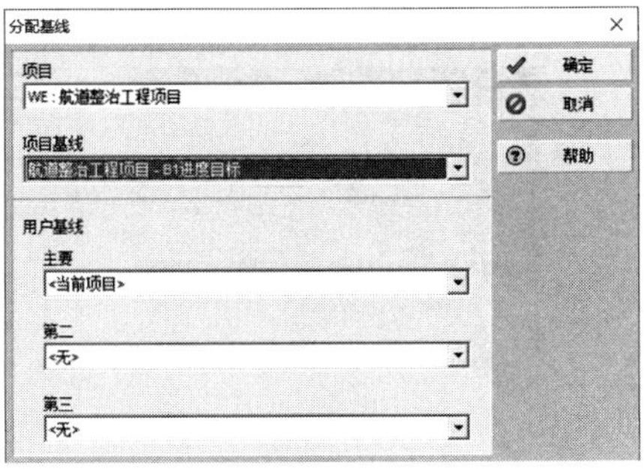

图 4.11

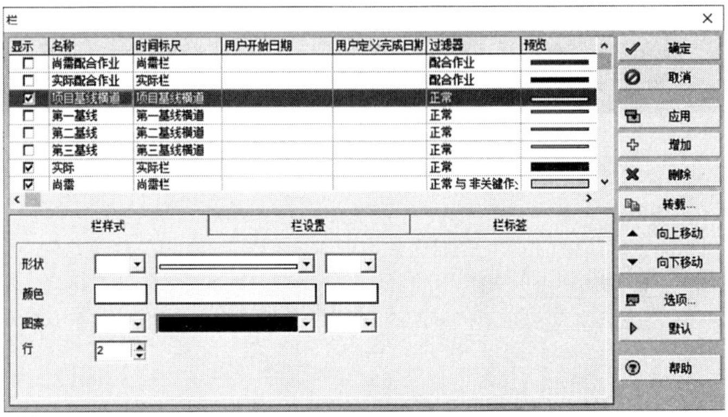

图 4.12

表 4.4　　截至当前作业情况表

作 业 名 称	状　态	实际开始日期	实际完成日期	期望完成日期
施工准备	已完成	2016－11－25	2016－12－04	
施工道路	已完成	2016－12－05	2016－12－09	
原护坡块石拆除清理	已完成	2016－12－10	2016－12－23	
钢板桩加工制作	正在进行	2016－12－05		2017－01－10
钢板桩沉桩完成	正在进行	2016－12－24		2017－01－20

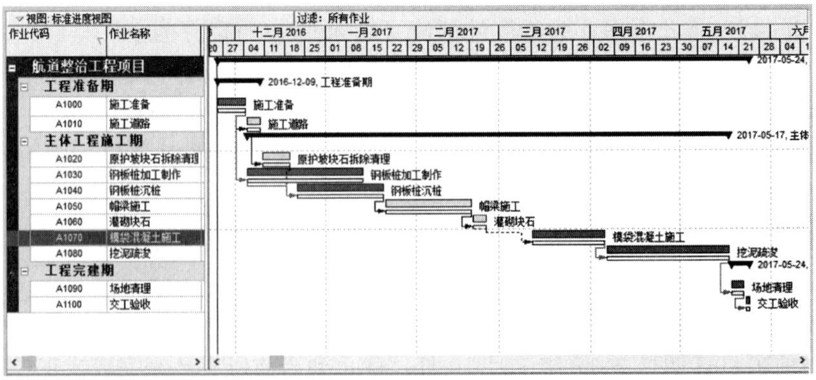

图 4.13

根据表 4.4 填报已完成作业的实际开始时间和实际完成时间，如图 4.14 所示。当前进度控制图如图 4.15 所示。

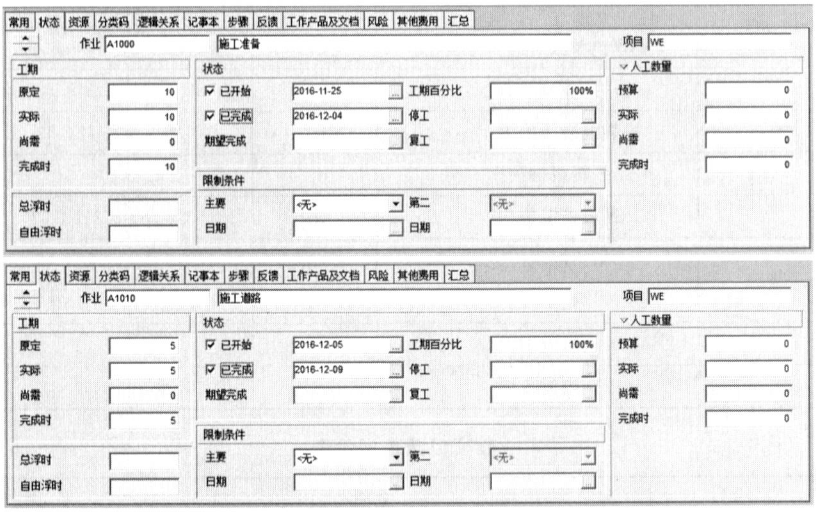

图 4.14

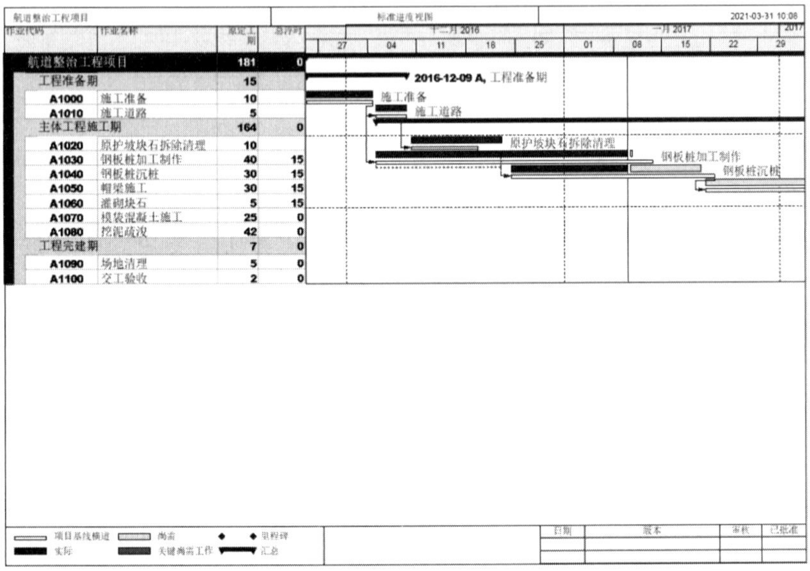

图 4.15

4.7.2 子任务 2：利用项目管理软件进行成本控制

与 4.7.1 子任务 1 进度计划一致的投标文件的工程量清单报价表，见表 4.5 和表 4.6，根据要求编制成本预算曲线，绘制疏浚强度曲线，根据实际资源进行赢得值分析。已知：要求日疏浚量不超过 500m^3/日。

表 4.5　　分项工程量清单报价表

序号	项目编码	项目名称	计量单位	工程数量	单价/元	合价/元
1		护坡工程				
1.1		原护坡块石拆除清理	m^3	225.8	56.33	
1.2		灌砌块石	m^3	432.6	468.33	
1.3		模袋混凝土施工	m^3	316.6	724.53	
2		钢板桩护岸				
2.1		钢板桩沉桩	根	153.8	3153.33	
2.2		帽梁混凝土施工	m^3	403.8	565.16	
2.3		帽梁配筋	kg	24607.7	6.38	
3		疏浚工程				
3.1		挖泥疏浚	m^3	20367.0	67.87	

表 4.6　　一般项目清单报价表

序　号	项　目　名　称	金额/元	备　注
1	施工临时工程	60000	总价承包
1.1	施工准备	20000	
1.2	施工道路	40000	
2	项目完工	50000	总价承包
2.1	场地清理	40000	
2.2	交工支付	10000	

【步骤 1】 定义资源库。

选择菜单“管理员⇒管理类别”窗口，定义材料资源所需要用到的计量单位，如图 4.16 所示。

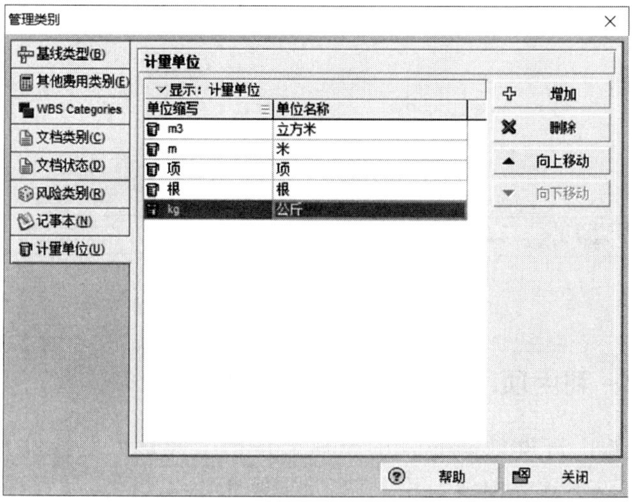

图 4.16

选择菜单“企业⇒资源”在资源窗口，根据表 4.5 和表 4.6，创建资源，如图 4.17 所示。在资源详情里面输入每个清单项目的单价，包括疏浚工程量每天资源限制（疏浚量不超过 500m^3/日），如图 4.18 所示。

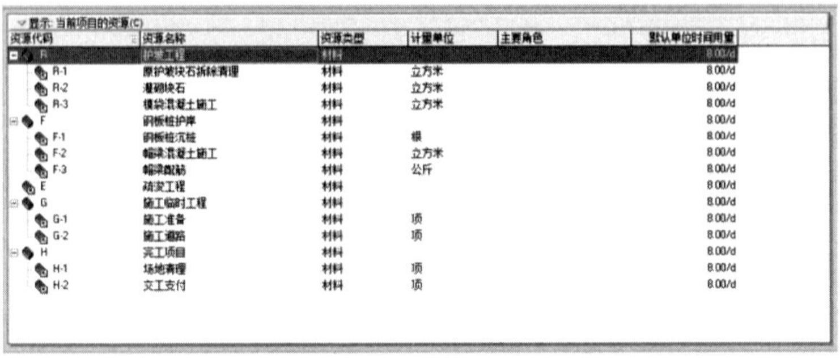

图 4.17

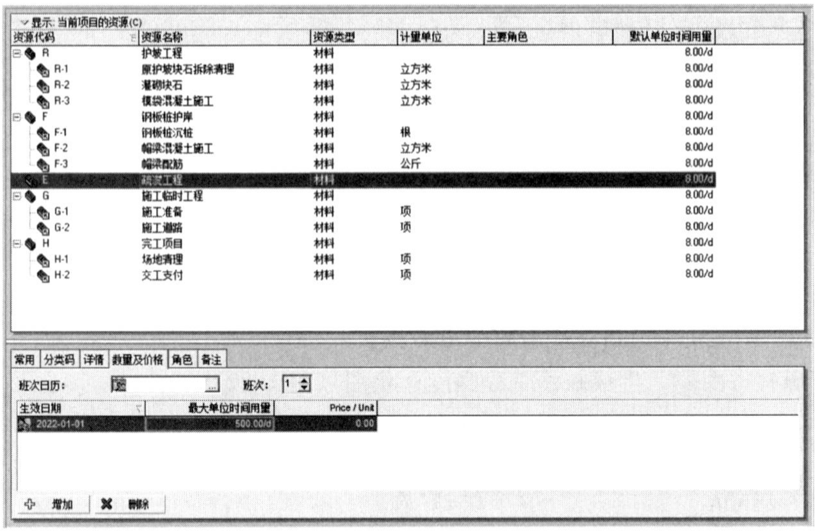

图 4.18

【步骤 2】 估算作业资源需求计划。

按照表 4.5 和表 4.6 为作业分配所需资源，并填写所需要的预算数量，如图 4.19 和图 4.20 所示。

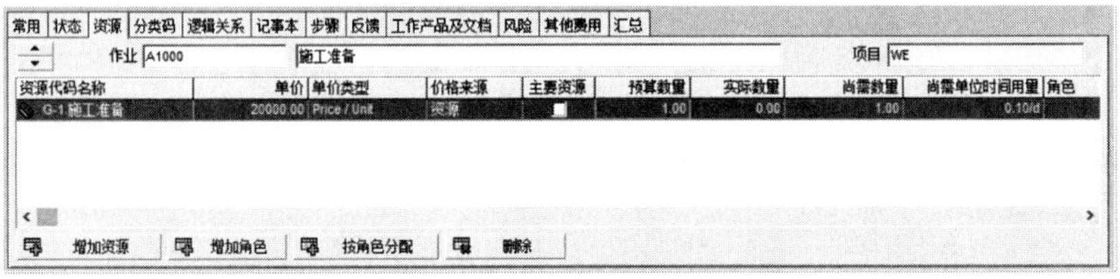

图 4.19

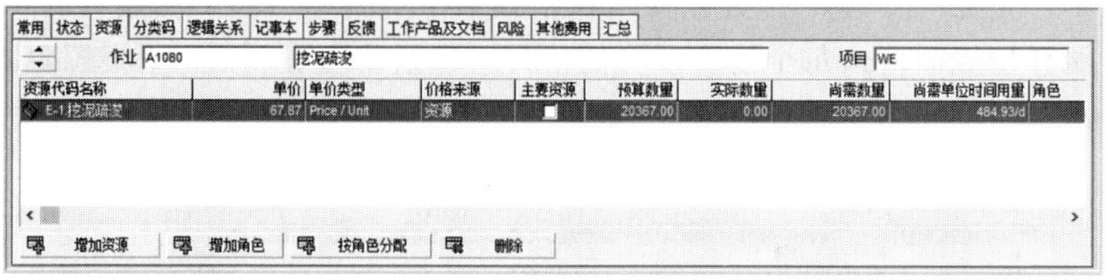

图 4.20

选择菜单“项目⇒资源分配”在资源分配窗口中，查看项目执行过程中每个周期内对各种资源的需求计划表格（图 4.21）。其中，剖析字段选择预算数量，时间标尺以月统计单位。

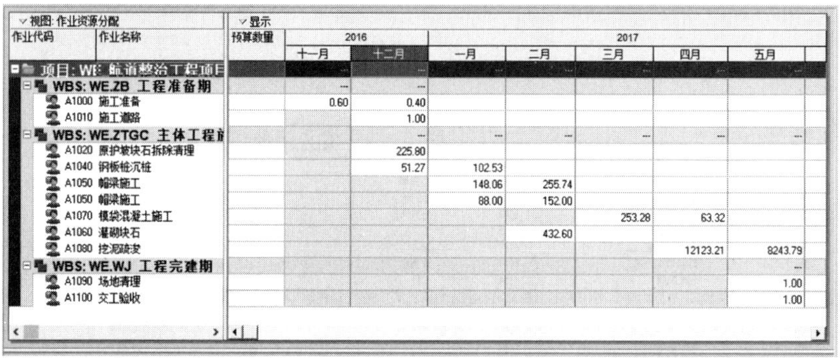

图 4.21

【步骤 3】 资源负荷分析，查看资源直方图。

点击资源直方图，生成疏浚工程强度柱状图（图 4.22）。

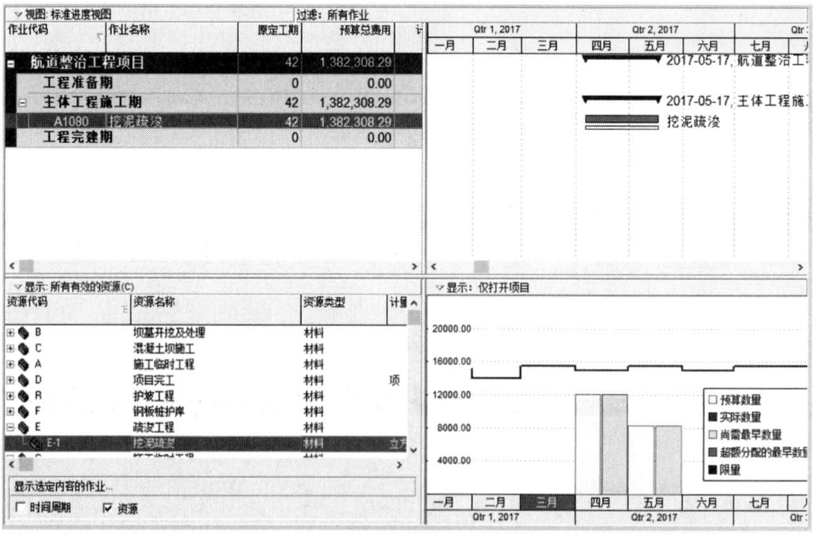

图 4.22

从图 4.22 中可看出，疏浚工程施工强度没有超过了 500m³/天的限制，说明没有超负荷资源。

【步骤 4】 查看费用计划情况。

(1) 作业表格使用剖析表，查看各时段内对资金的需求计划。

点击作业表格，设置剖析表字段为预算总费用（图 4.23）。

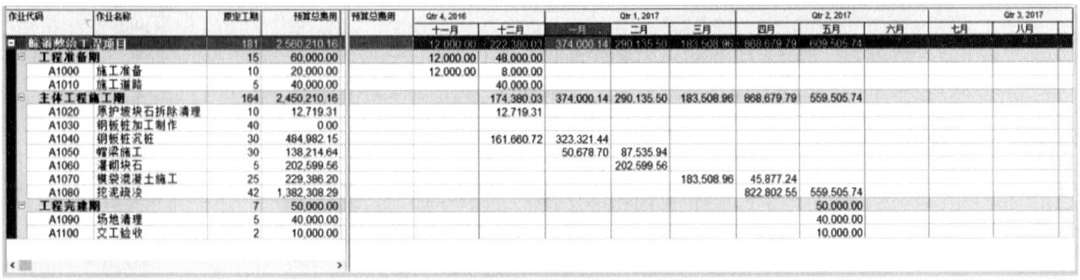

作业代码	作业名称	原定工期	预算总费用	预算总费用	Qtr 4, 2016 十一月	Qtr 4, 2016 十二月	Qtr 1, 2017 一月	Qtr 1, 2017 二月	Qtr 1, 2017 三月	Qtr 2, 2017 四月	Qtr 2, 2017 五月	Qtr 2, 2017 六月	Qtr 3, 2017 七月	Qtr 3, 2017 八月
疏浚整治工程项目		181	2,560,210.16		12,000.00	222,380.03	374,000.14	290,135.50	183,508.96	868,679.79	609,505.74			
工程准备期		15	60,000.00		12,000.00	48,000.00								
A1000	施工准备	10	20,000.00		12,000.00	8,000.00								
A1010	施工道路	5	40,000.00			40,000.00								
主体工程施工期		164	2,450,210.16			174,380.03	374,000.14	290,135.50	183,508.96	868,679.79	559,505.74			
A1020	原护坡块石拆除清理	10	12,719.31			12,719.31								
A1030	钢板桩加工制作	40	0.00											
A1040	钢板桩沉桩	30	484,982.15			161,660.72	323,321.44							
A1050	帽梁施工	30	138,214.64				50,678.70	87,535.94						
A1060	灌砌块石	5	202,599.56					202,599.56						
A1070	模袋混凝土施工	25	229,386.20						183,508.96	45,877.24				
A1080	挖泥疏浚	42	1,382,308.29							822,802.55	559,505.74			
工程完建期		7	50,000.00								50,000.00			
A1090	场地清理	5	40,000.00								40,000.00			
A1100	交工验收	2	10,000.00								10,000.00			

图 4.23

(2) 使用作业直方图和累计曲线查看计划费用情况。

点击作业直方图，作业使用直方图选项，设置如图 4.24 所示。费用累计曲线如图 4.25 所示。

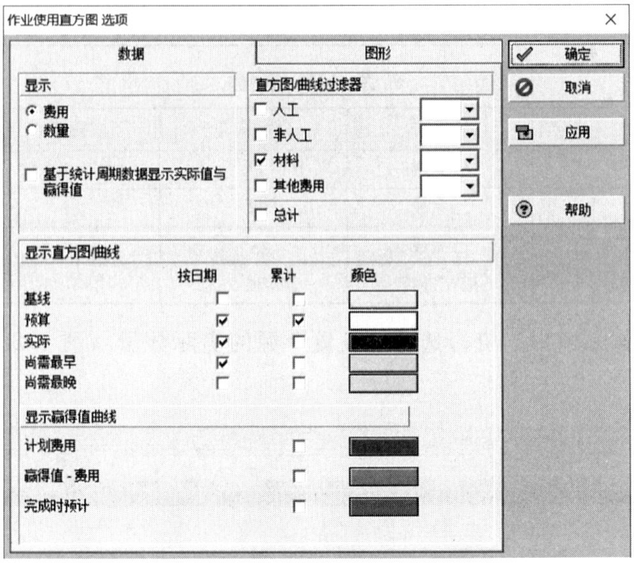

图 4.24

【步骤 5】 跟踪资源的实际使用量。

根据前面假设，当前项目日期是 2017 年 1 月 15 日，截止到当前所有已经完成或正在执行的作业见表 4.7。

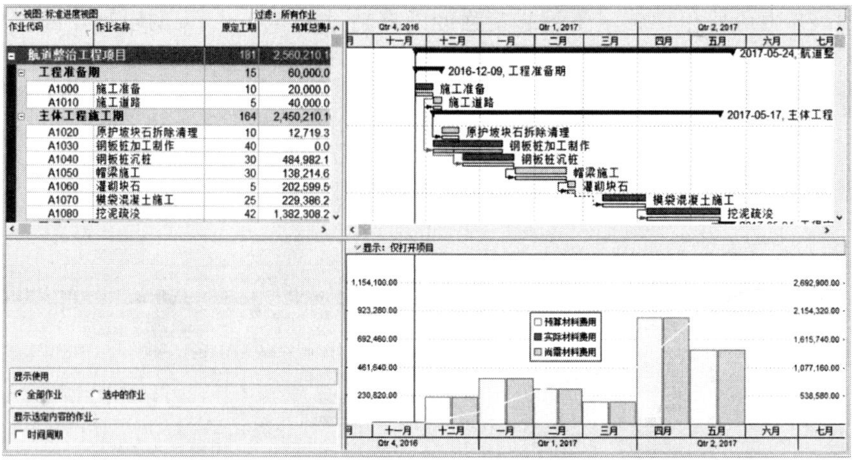

图 4.25

资源的实际使用量见表 4.8。

表 4.7　　截至 2017 年 1 月 15 日作业明细表

作业名称	状态	实际开始日期	实际完成日期	期望完成日期
施工准备	已完成	2016-11-25	2016-12-04	
施工道路	已完成	2016-12-05	2016-12-09	
原护坡块石拆除清理	已完成	2016-12-10	2016-12-19	
钢板桩加工制作	正在进行	2016-12-05	2017-01-13	
钢板桩沉桩完成	正在进行	2016-12-22		2017-01-25

表 4.8　　资源分配情况

作业名称	状态	分配资源	实际消耗	尚需数量
施工准备	已完成	项	1	0
施工道路	已完成	项	1	0
原护坡块石拆除清理	已完成	m^3	225.50	0
钢板桩沉桩完成	正在进行	根	97.41	56.39

在相关作业的详细窗口，资源选项卡设置资源的实际数量（图 4.26），便于计算实际费用。

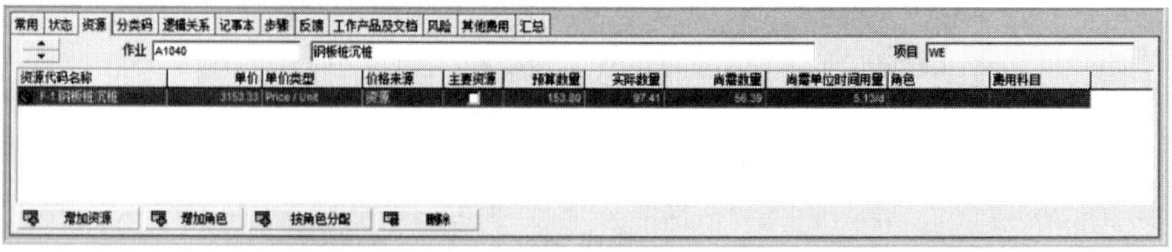

图 4.26

【步骤 6】 利用赢得值分析费用使用情况。

通过设置栏位，调出计划费用、赢得值——费用、实际总费用、进度偏差、费用偏差，本项目的相关数据如图 4.27 所示。

视图：标准进度视图　过滤：所有作业

作业代码	作业名称	原定工期	预算总费用	计划费用	赢得值-费用	实际总费用	进度差值	费用差值
航道整治工程项目		181	2,560,210	460,705	379,875	104,253	(80,830)	275,622
工程准备期		15	60,000	60,000	60,000	60,000	0	0
A1000	施工准备	10	20,000	20,000	20,000	20,000	0	0
A1010	施工道路	5	40,000	40,000	40,000	40,000	0	0
主体工程施工期		164	2,450,210	400,705	319,875	44,253	(80,830)	275,622
A1020	原护坡块石拆除清理	10	12,719	12,719	12,719	12,719	0	0
A1030	钢板桩加工制作	40	0	0	0	0	0	0
A1040	钢板桩沉桩	30	484,982	387,986	307,155	31,533	(80,830)	275,622
A1050	帽梁施工	30	138,215	0	0	0	0	0
A1060	灌砌块石	5	202,600	0	0	0	0	0
A1070	模袋混凝土施工	25	229,386	0	0	0	0	0
A1080	挖泥疏浚	42	1,382,308	0	0	0	0	0
工程完建期		7	50,000	0	0	0	0	0
A1090	场地清理	5	40,000	0	0	0	0	0
A1100	交工验收	2	10,000	0	0	0	0	0

图 4.27

根据进度偏差 SV<0 可知目前进度滞后，费用偏差 CV>0 可知费用节支，综上，项目进行滞后，需要采取赶工措施。

4.8 评价反馈

评价包括学生自评（占 50%）和教师评价（占 50%）两部分，学生自评表和教师评价表见表 4.9 和表 4.10。

表 4.9　　学生自评表

班　级		姓　名		学　号	
学习任务 4	航道整治项目管理软件应用				
评价项目	评价标准			分值	得分
①进度建立	能够按照项目—WBS—作业建立进度计划			10	
②资源需求	能够对作业分配资源，录入预算数量			20	
③资源直方图	能够生成材料使用强度柱形图			20	
④费用 S 曲线	能够查看费用计划 S 曲线			20	
⑤赢得值曲线	能够利用赢得值曲线进行进度和费用偏差分析			20	
⑥生成相关图表	准确生成进度计划图，实际进度执行图			10	
合　计				100	

表 4.10　　教师评价表

班　级		姓　名		学　号	
学习任务 4	重力坝工程成本管理软件应用				
评价项目	评价标准			分值	得分
①平时表现	出勤、课堂表现			40	
②成果评价	生成进度计划图、相关报告			30	
③小组表现	团队合作完成任务			30	
合　计				100	

4.9 相关知识点

4.9.1 航道整治工程进度计划编制

4.9.1.1 进度计划的编制依据

1. 项目的工程承包合同

合同中所规定的施工进度目标、工期要求，所规定的开工、竣工日期，工期定额等是编制施工总进度计划的根本依据。

2. 项目的施工组织设计

基于工程的特点、施工方案、施工的总体部署、施工资源投入、施工的组织等编制施工组织设计是确定施工各节点工期的基础。

3. 设计的进度计划

施工的进度计划必须与设计的进度计划相衔接，根据各部分图纸提交的时间，安排相应部位的施工日期。

4.9.1.2 施工总进度计划的内容

内容应包括编制说明，施工总进度计划表，分期、分批施工工程的开工日期、完工日期及工期一览表，资源需求量及供应平衡表等。

4.9.1.3 编制步骤

（1）搜集编制依据。

（2）确定工程进度控制目标。

（3）计算工程量。

（4）确定各单位工程的施工期限和开工、竣工日期。

（5）安排各单位工程的搭接关系。

（6）编写施工进度计划说明书。

4.9.2 航道整治工程进度计划分析与调整

4.9.2.1 进度计划分析

在港口与航道工程的施工中，由于受自然条件的干扰和制约因素太多，实际进度与原计划进度发生偏差的情况很普遍，所以这种及时跟踪的动态检查、统计和分析就更为重要。

常用的分析比较方法有横道图比较法、S曲线比较法、前锋线网络计划分析法。

1. 横道图比较法

该方法是将项目实施中的实际进度数据，经加工整理后用横道线直接标画在原计划横道线处，通过对比分析，能直观地反映实际进度与计划间的关系。该方法在项目管理软件中是主要的比较分析方法。

例如某工程项目基础工程的计划进度和截止到第9周末的实际进度如图4.28所示，其中双线条表示该工程计划进度，粗实线表示实际进度。从图中实际进度与计划进度的比较可以看出，到第 9 周末进行实际进度检查时，挖土方和做垫层两项工作已经完成；支模板按计划也应该完成，但实际只完成 75%，任务量拖欠 25%；绑钢筋按计划应该完成 60%，而实际只完成 20%，任务量拖欠 40%。

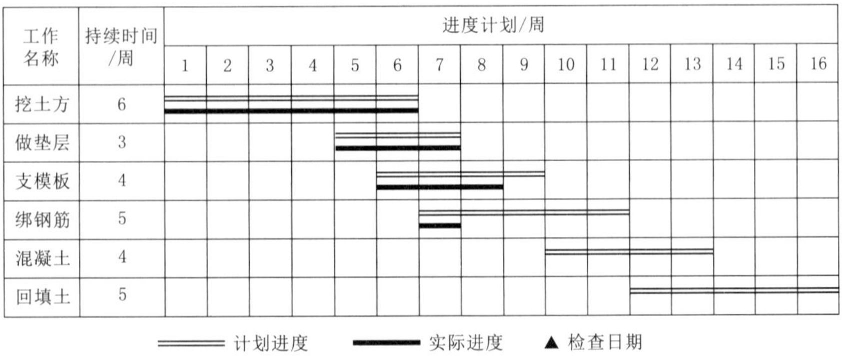

图 4.28

根据各项工作的进度偏差，进度控制者可以采取相应的纠偏措施对进度计划进行调整，以确保该工程按期完成。图 4.28 所表达的比较方法仅适用于工程项目中的各项工作都是均匀进展的情况，即每项工作在单位时间内完成的任务量都相等的情况。

2. S 曲线比较法

以横坐标表示进度时间，以纵坐标表示累计完成工作任务量而绘制出来的曲线，将是一条 S 形曲线。S 形曲线比较法就是将进度计划确定的计划累计完成工作任务量和实际累计完成工作量分部绘制成 S 形曲线，并通过两者的比较借以判断实际进度与计划进度相比是超前还是滞后，以及得出其他各种有关进度信息的进度计划执行情况的检查方法。

通过比较实际进度 S 曲线和计划进度 S 曲线，可以获得如下信息：

(1) 工程项目实际进展状况。如果工程实际进展点落在计划 S 曲线左侧，表明此时实际进度比计划进度超前，如图 4.29 中的 a 点；如果工程实际进展点落在计划 S 曲线右侧，

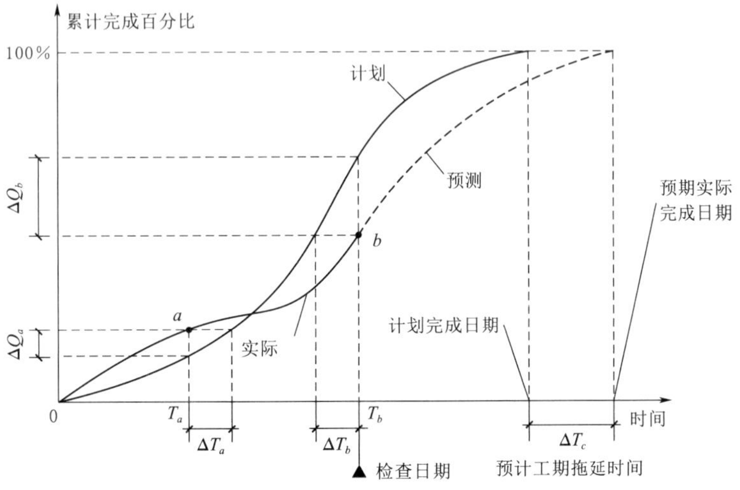

图 4.29

表明此时实际进度拖后，如图 4.29 中的 b 点；如果工程实际进展点正好落在计划 S 曲线上，则表示此时实际进度与计划进度一致。

（2）工程项目实际进度超前或拖后的时间。在 S 曲线比较图中可以直接读出实际进度比计划进度超前或拖后的时间。如图 4.29 所示，ΔT_a 表示 T_a 时刻实际进度超前的时间；ΔT_b 表示 T_b 时刻实际进度拖后的时间。

（3）工程项目实际超额或拖欠的任务量。在 S 曲线比较图中也可直接读出实际进度比计划进度超额或拖欠的任务量。如图 4.29 所示，ΔQ_a 表示 T_a 时刻超额完成的任务量，ΔQ_b 表示 T_b 时刻拖欠的任务量。

（4）后期工程进度预测。如果后期工程按原计划速度进行，则可做出后期工程计划 S 曲线，如图 4.29 中虚线所示，从而可以确定工期拖延预测值 ΔT_c。

3. 前锋线网络计划分析法

该方法在带时标的原网络计划图上标画出实际进度的前锋线，该实际进度前锋线的功能如下。

（1）描述实际进度：将该实际进度前锋线与计划进度前锋线相比，形象地表达出了进度计划的实际执行状态对原计划的目标偏差，揭示计划执行中的问题，或者可以看出原计划制订中的某些不足。

（2）预测进度变化趋势：通过对现时刻和过去某时刻前锋线的对比，可以在一定的范围内对工程的未来进度和变化趋势做出预测和判断。

（3）揭示调整计划的方向和解决问题的最佳途径。

例如某工程项目时标网络计划如图 4.30 所示。该计划执行到第 6 周末检查实际进度时，发现工作 A 和 B 已经全部完成，工作 D 和 E 分别完成计划任务量的 20%和 50%，工作 C 尚需 3 周完成，试用前锋线法进行实际进度与计划进度的比较。

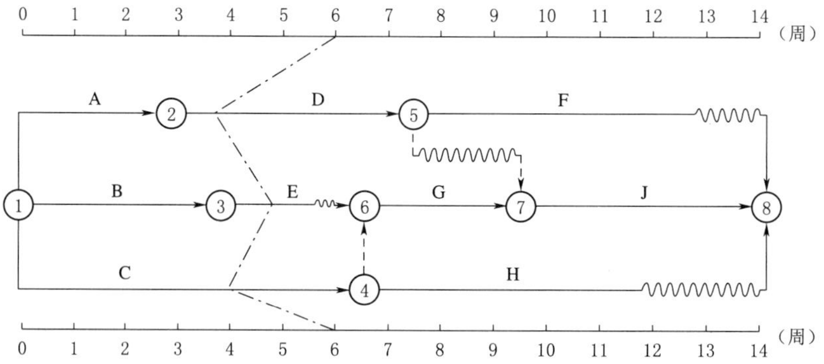

图 4.30

分析：根据第 6 周末实际进度的检查结果绘制前锋线，如图 4.18 中点画线所示。通过比较可以看出：

（1）工作 D 实际进度拖后 2 周，将使其后续工作 F 的最早开始时间推迟 2 周，并使总工期延长 1 周。

（2）工作 E 实际进度拖后 1 周，既不影响总工期，也不影响其后续工作的正常进行。

（3）工作C实际进度拖后2周，将使其后续工作G、H、J的最早开始时间推迟2周。由于工作G、J开始时间的推迟，从而使总工期延长2周。

综上所述，如果不采取措施加快进度，该工程项目的总工期将延长2周。

4.9.2.2 进度计划的调整

（1）施工进度计划的调整必须依据对计划执行情况的检查和统计结果进行。

（2）调整的内容包括：施工内容、工程量、起止时间、持续时间、工作关系、资源供应等，并应编制调整后的施工进度计划。

（3）调整的原则：

1）对落后的关键线路，落后过多（已超过前方可利用时差）的非关键线路，现时虽落后不多，但可预见未来会落后更多、将妨碍关键线路进展（那时，它将成为新的关键线路）的非关键线路，必须采取措施使之加快。

2）对暂时落后，但其前方有足够的时差可以利用或从其变化趋势可预见在允许的未来时段内很快赶上来的线路，可不予调整。

3）对过于领先的非关键线路，可能受其他路线发展的制约，中途不得不临时停工，造成窝工浪费，应及早预见，通过进度调整予以避免。

工作任务5　建筑工程项目管理软件应用（拓展篇）

5.1　工作任务

某医科大学附属医院建设项目，按照下列要求完成项目的进度控制和成本控制。

要求 1：按图 5.1 所示建立企业的项目结构（EPS）。

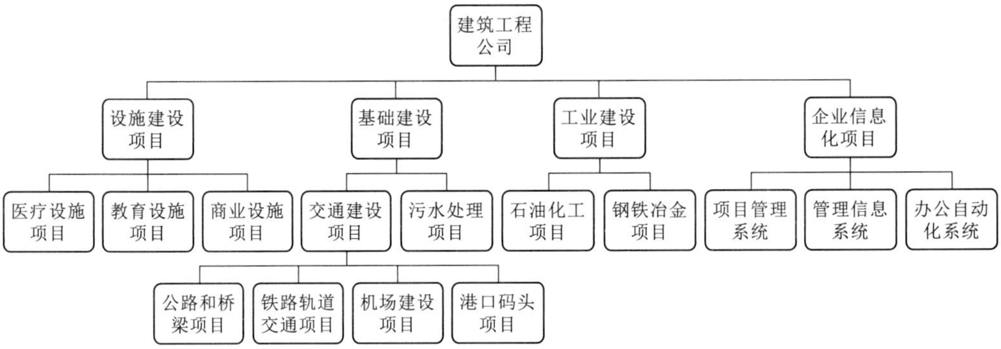

图 5.1

要求 2：按表 5.1 内容，创建项目计划。

表 5.1　项目明细表

项目类型	项目代码	项目名称	计划开始时间
医疗设施项目	Center	曙光救护中心建设项目	2008 年 03 月 15 日
	Hospital	医科大学附属医院建设项目	2008 年 02 月 01 日
教育设施项目	High	洋泾中学教学楼新建项目	2008 年 04 月 03 日
商业设施项目	Jinmao	金茂办公大楼修建项目	2007 年 12 月 09 日
	Pacific	太平洋百货商场建设项目	2007 年 11 月 21 日
公路和桥梁项目	SouthPark	南方公园高速公路修建项目	2008 年 03 月 22 日
	River	钱塘江大桥修建项目	2008 年 05 月 06 日
石油化工项目	Conv	煤炭传输系统安装项目	2008 年 01 月 19 日
钢铁冶金项目	Auto	工业自动化系统安装项目	2007 年 11 月 25 日

要求 3：按图 5.2 所示内容，为 Hospital 医科大学附属医院建设项目创建工作分解结构。

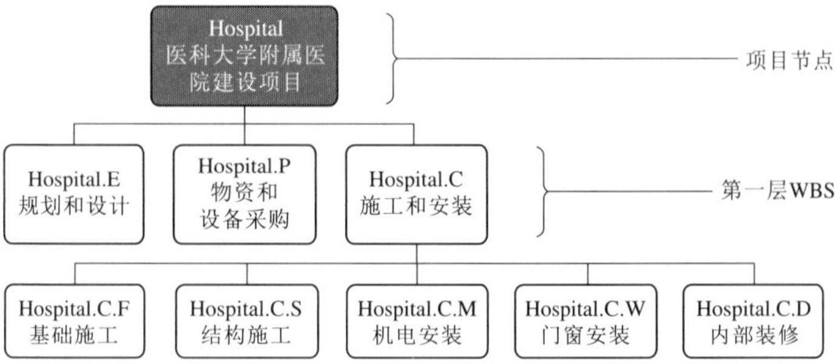

图 5.2

要求 4：根据表 5.2，为“医科大学附属医院建设项目”增加作业，并填写作业工期。

表 5.2 **项目作业工期表**

WBS	作业	估计工期	WBS	作业	估计工期
规划和设计	大楼设计	23	机电安装	暖通设备安装	34
	设计审核和批准	9		管道安装	45
	暖通技术数据整理	3		电缆和配线安装	45
	暖通技术数据审核	8		电梯安装	40
物资设备采购	准备暖通设备采购招标	10		设备及线路连接	3
	标书评审	2		暖通调测	1
	授权暖通供应商	10	门窗安装	砖墙砌筑	14
	暖通设备制造和运送交付	88		安装门窗框架	1
基础施工	开始施工（里程碑）	0		门窗安装	2
	场地清理和准备	10	内部装修	安装天花板	15
	基础开挖	10		安装灯具	3
	模板工程	10		铺设地板和地毯	5
	混凝土浇筑	34		油漆	27
	回填	5		场地清扫	1
	基础施工完成（里程碑）	0		建筑完工（里程碑）	0
结构施工	搭建结构框架	40	医科大学附属医院建设项目作业活动清单		
	铺设楼板	28			
	第一层混凝土施工	60			
	第二层混凝土施工	15			
	搭建楼梯井和电梯井	10			

要求5：根据表5.3连接作业之间的逻辑关系。

表5.3　　作业逻辑关系表

WBS	作业任务	紧前工作
规划和设计	（A1000）大楼设计	
	（A1010）设计审核和批准	A1000
	（A1020）暖通技术数据整理	A1010
	（A1030）暖通技术数据审核	A1020
物资和设备采购	（A1040）准备暖通设备采购招标	A1030
	（A1050）标书评审	A1040
	（A1060）授权暖通供应商	A1050
	（A1070）暖通设备制造和运送交付	A1060
基础施工	（A1080）开始施工	A1010
	（A1090）场地清理和准备	A1080
	（A1100）基础开挖	A1090
	（A1110）模板工程	A1100
	（A1120）混凝土浇筑	A1110
	（A1130）回填	A1120
	（A1140）基础施工完成	A1130
结构施工	（A1150）搭建结构框架	A1140
	（A1160）铺设楼板	A1150
	（A1170）第一层混凝土施工	A1160
	（A1180）第二层混凝土施工	A1170
	（A1190）搭建楼梯井和电梯井	A1170
机电安装	（A1200）暖通设备安装	A1180，A1070
	（A1210）管道安装	A1200
	（A1220）电缆和配线安装	A1210
	（A1230）电梯安装	A1190
	（A1240）设备及线路连接	A1200，A1220
	（A1250）暖通调测	A1240
门窗安装	（A1260）砖墙砌筑	A1180
	（A1270）安装门窗框架	A1260
	（A1280）门窗安装	A1270
内部装修	（A1290）安装天花板	A1250
	（A1300）安装灯具	A1290
	（A1310）铺设地板和地毯	A1300
	（A1320）油漆	A1250
	（A1330）场地清扫	A1310，A1320
	（A1340）建筑完工	A1330
医科大学附属医院建设项目作业之间的逻辑关系		

要求6：项目的“基础施工完成（里程碑）”要求必须在2008年6月6日完成，整个项目要求在2009年5月8日之前完工。

要求7：假设当前项目已经开始了两个多月了，现在的日期已经是2008年4月14日，截至前所有已经完成或正在执行中的作业见表5.4。根据表填报作业的实际进度。

表5.4　　截至2008年4月14日作业时间明细表

作业名称	状态	实际开始日期	实际完成日期	期望完成日期
大楼设计	已完成	2008-02-04	2008-03-06	
设计审核和批准	已完成	2008-03-07	2008-03-21	
暖通技术数据整理	已完成	2008-03-22	2008-03-25	
暖通技术数据审核	已完成	2008-03-26	2008-04-04	
准备暖通设备采购招标	正在进行中	2008-04-05		2008-04-21
开始施工	已完成	2008-03-22		

续表

作业名称	状态	实际开始日期	实际完成日期	期望完成日期
场地清理和准备	已完成	2008-03-22	2008-04-04	
基础开挖	已完成	2008-03-28	2008-04-09	
模板工程	正在进行中	2008-04-10		2008-04-23

要求 8：按表 5.5，创建资源，并填写资源的相关的属性。

表 5.5　资源明细

资源类型	资源代码	资源名称	计量单位	单位时间最大量	单价
人力资源	Designer	设计师	—	10 工日/天	300 元/工日
	Manager	管理人员	—	12 工日/天	350 元/工日
	Civil	土建工人	—	40 工日/天	120 元/工日
	Electric	电气工人	—	25 工日/天	180 元/工日
	Plumber	管道工人	—	15 工日/天	150 元/工日
	Painter	油漆工人	—	20 工日/天	150 元/工日
	Installer	设备安装工人	—	8 工日/天	200 元/工日
	Labor	普通工人	—	50 工日/天	100 元/工日
机械资源	Truck	卡车	—	5 台班/天	600 元/台班
	Navvy	挖土机	—	3 台班/天	700 元/台班
	Crane	吊机	—	2 台班/天	900 元/台班
材料资源	Concrete	混凝土	m^3	$70m^3$/天	300 元/m^3
	Oilpaint	油漆	桶	20 桶/天	200 元/桶
	Cable	电缆	m	200m/天	100 元/m
	Pipe	管道	m	250m/天	50 元/m

要求 9：按表 5.6 为作业分配所需的资源，并填写所需的预算数量。

表 5.6　作业所需资源明细表

作业	所需的资源	所需数量
大楼设计	Designer. 设计师	138 工日
暖通技术数据整理	Designer. 设计师	21 工日
场地清理和准备	Labor. 普通工人	270 工日
	Truck. 卡车	30 台班
基础开挖	Civil. 土建工人	240 工日
	Navvy. 挖土机	20 台班
	Truck. 卡车	30 台班
模板工程	Civil. 土建工人	225 工日
	Crane. 吊机	9 台班

续表

作　业	所需的资源	所需数量
混凝土浇筑	Civil. 土建工人	702 工日
	Truck. 卡车	81 台班
	Concrete. 混凝土	1080m^3
回填	Civil. 土建工人	105 工日
搭建结构框架	Civil. 土建工人	792 工日
	Crane. 吊机	36 台班
铺设楼板	Civil. 土建工人	756 工日
	Crane. 吊机	28 台班
第一层混凝土施工	Civil. 土建工人	1242 工日
	Concrete. 混凝土	2322m^3
第二层混凝土施工	Civil. 土建工人	375 工日
	Concrete. 混凝土	570m^3
搭建楼梯井和电梯井	Civil. 土建工人	200 工日
	Crane. 吊机	10 台班
暖通设备安装	Installer. 设备安装工人	204 工日
管道安装	Plumber. 管道工人	360 工日
	Pipe. 管道	5850m
电缆和配线安装	Electric. 电气工人	720 工日
	Cable. 电缆	5400m
电梯安装	Installer. 设备安装工人	200 工日
	Crane. 吊机	40 台班
设备及线路连接	Installer. 设备安装工人	12 工日
	Electric. 电气工人	36 工日
暖通调测	Installer. 设备安装工人	4 工日
砖墙砌筑	Civil. 土建工人	280 工日
	Concrete. 混凝土	490m^3
安装门窗框架	Civil. 土建工人	22 工日
门窗安装	Labor. 普通工人	60 工日
安装天花板	Labor. 普通工人	300 工日
安装灯具	Electric. 电气工人	39 工日
铺设地板和地毯	Labor. 普通工人	130 工日
油漆	Painter. 油漆工人	324 工日
	Oilpaint. 油漆	216 桶
场地清扫	Labor. 普通工人	20 工日

要求 10：假设当前项目已经开始了两个多月了，现在的日期已经是 2008 年 4 月 14 日，截至当前所有已经完成或正在进行中的作业上的资源实际消耗情况见表 5.7。根据表格的内容填写相应作业上资源的实际消耗和尚需数量。

表 5.7　　截至 2008 年 4 月 14 日作业实际消耗资源明细表

作业名称	状　态	分配的资源	实际消耗	尚需数量
大楼设计	已完成	设计师	138 工日	0
暖通技术数据整理	已完成	设计师	25 工日	0
场地清理和准备	已完成	普通工人	270 工日	0
		卡车	30 台班	0
		土建工人	230 工日	0
基础开挖	已完成	卡车	30 台班	0
		挖土机	20 台班	0
模板工程	进行中	土建工人	25 工日	200 工日
		吊机	2 台班	7 台班

要求 11：作业成本费用来源于两部分：资源费用和其他费用。因为资源费用可以根据资源单价和数量计算得到，因此本任务只要估算作业的其他费用（表 5.8），并且检查作业的资源费用计算是否正确。

表 5.8　　作业其他费用预算

作业名称	其他费用说明	预算费用/元
准备暖通设备采购招标	材料费	30,000.00
标书评审	管理费	52,000.00
授权暖通供应商	咨询费	34,000.00
暖通设备制造和运送交付	管理费	29,000.00
	交通运输费	60,000.00
	设备采购费	430,000.00

5.2　工作目标

（1）能够利用 PPE 软件进行项目时间进度管理。

（2）能够利用 PPE 软件进行项目资源和费用管理。

（3）能够利用 PPE 软件进行利用赢得值分析进度和费用。

（4）能够组织和发布项目信息。

5.3　任务分组

按照表 5.9 填写任务分组名单。

表 5.9 学生任务分组表

班级		组号		指导老师	
组长		学号			
组员					
任务分工					

5.4 引导问题

引导问题 1：项目管理软件 PPE 的特点是什么？

引导问题 2：项目管理软件 P6 与 PPE 的区别有哪些？

引导问题 3：利用项目管理软件进行进度控制的流程有哪几个步骤？

5.5 工作计划

按照收集的信息，制订建筑工程项目软件管理计划。利用流程图画出工作计划图。

5.6 进度决策

由教师带领学生采用项目管理软件对进度控制任务实施方案进行确定，为任务的实施做好准备。

5.7 工作实施

参考下列步骤，利用 PowerPlan Enterprise 项目管理软件完成相关任务。

【步骤 1】 创建企业项目结构。

【步骤 1－1】 启动 Power Plan Enterprise（PPE）程序，输入用户名（admin）和密码（admin），登录 PPE，如图 5.3 所示。

图 5.3

【步骤 1－2】 选择菜单“系统管理⇒EPS 维护”，在弹出窗口中，创建企业项目结构，如图 5.4 所示。

图 5.4

【步骤 1－3】 选择菜单“系统管理⇒项目维护”，在弹出窗口中，创建项目。

【步骤 2】 创建项目。

【步骤 2－1】 在对应的项目类型（EPS）节点下创建项目，并填写项目代码和项目名称，如图 5.5 所示。

【步骤 2－2】 填写每个项目的计划开始时间，计划完成时间等相关信息，如图 5.6 所示。

【步骤 3】 创建工作分解结构。

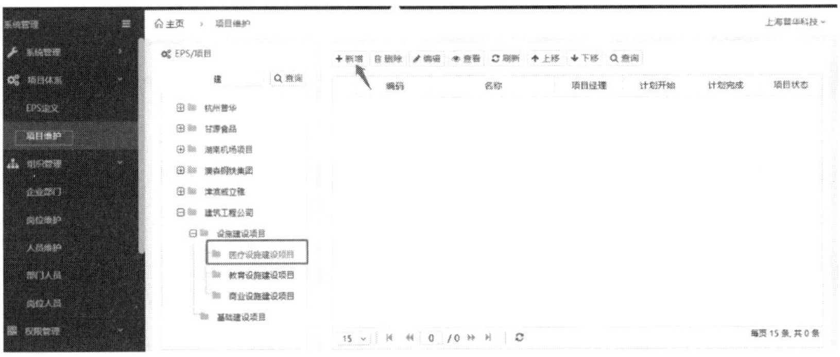

图 5.5

图 5.6

打开 Hospital 医科大学附属医院建设项目，为“医科大学附属医院建设项目”建立 WBS 编码和结构，如图 5.7 所示。

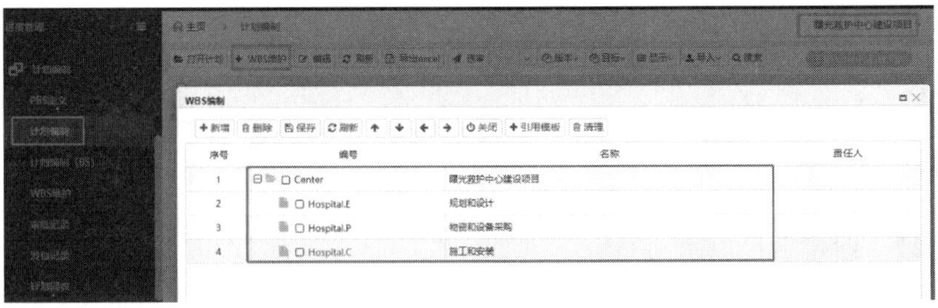

图 5.7

【步骤 4】 增加作业并估算工期。

【步骤 4-1】 在作业窗口中，为每个 WBS 增加相关的作业（图 5.8）。

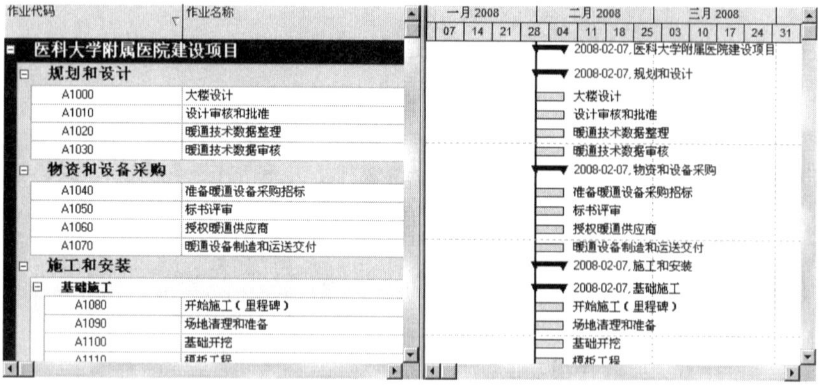

图 5.8

【步骤 4－2】 将作业“开始施工”的作业类型修改为开始里程碑，作业“基础施工完成”和“建筑完工”的作业类型修改为完成里程碑，其他作业的类型都为任务作业（图 5.9）。

图 5.9

【步骤 4－3】 在原定工期栏位中，填写每个任务作业的原定工期（图 5.10）。

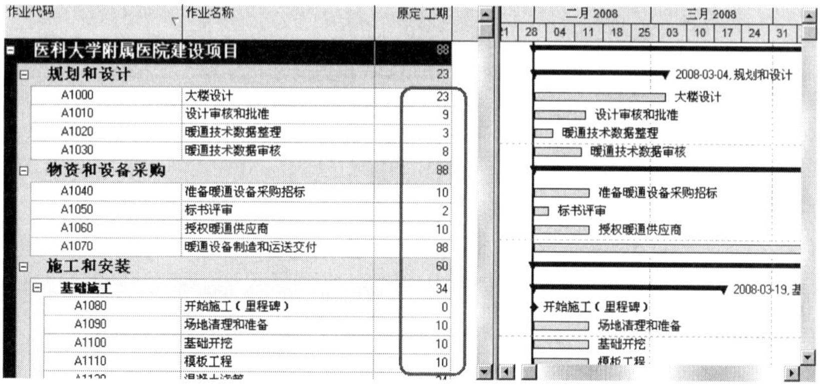

图 5.10

【步骤 5】 建立作业之间的逻辑关系。

在作业的“紧前作业”栏位中，为每一道作业选择它的前序工作，或直接在横道图上连接作业之间的逻辑关系线（图 5.11）。

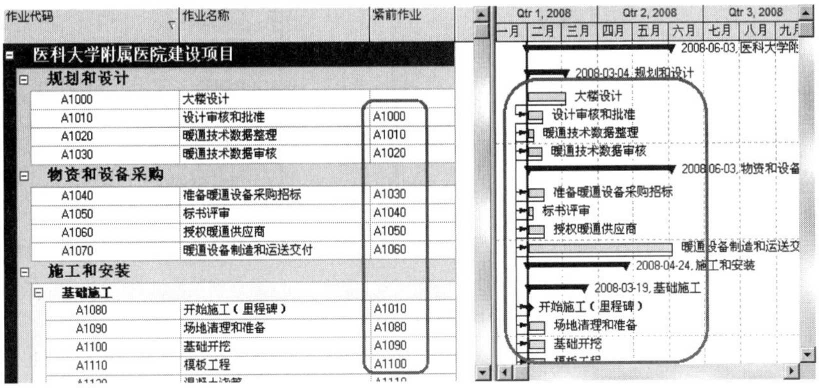

图 5.11

【步骤 6】 进度计算。

对该项目执行进度计算，计算后检查作业时间是否与下列时间一致。如果不一致，查找原因。

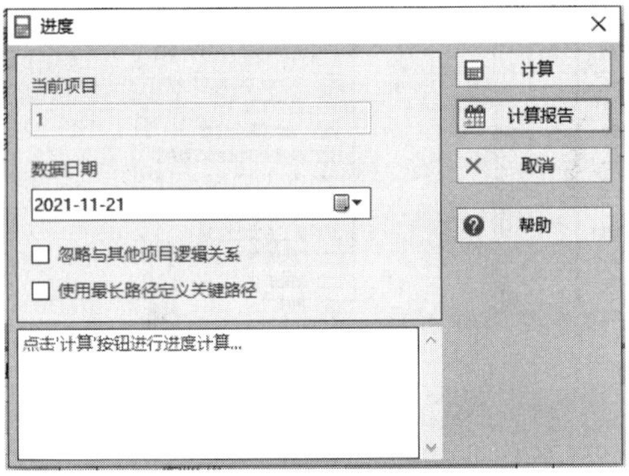

图 5.12

作业“A1080 开始施工”的开始时间为：2008－03－18。

作业“A1140 基础施工完成”的完成时间为：2008－06－20。

作业“A1340 建筑完工”的完成时间为：2009－08－13。

【步骤 6－1】 执行进度计算，将当前数据日期选择为 2008 年 2 月 1 日（图 5.12）。

【步骤 6－2】 点击“进度计算”按钮后，作业计划的横道图如图 5.13 所示。

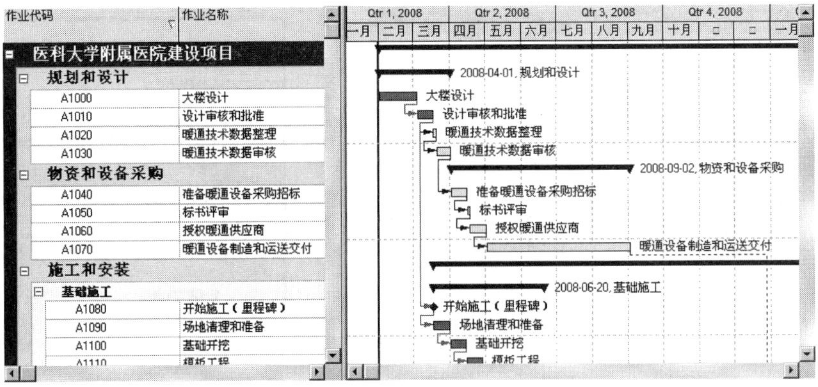

图 5.13

【步骤 7】 分配限制条件，优化进度。

项目的“基础施工完成（里程碑）”要求必须在 2008 年 6 月 6 日完成，整个项目要求在 2009 年 5 月 8 日之前完工。根据上述要求为项目计划增加限制条件，重新执行进度计算，查找出现负浮时的作业，通过调整计划消除计划中的负浮时。

【步骤 7-1】 在作业“基础施工完成（里程碑）”上加限制条件“强制完成”，限制日期为 2008 年 6 月 6 日（图 5.14）。

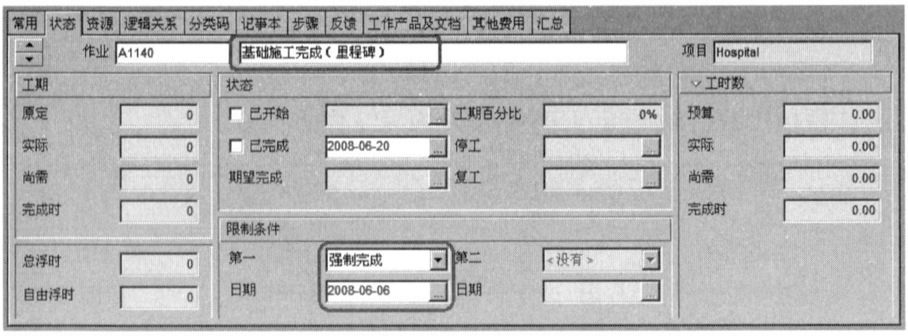

图 5.14

【步骤 7-2】 在当前项目上设置必须完成日期为 2009 年 5 月 8 日（图 5.15）。

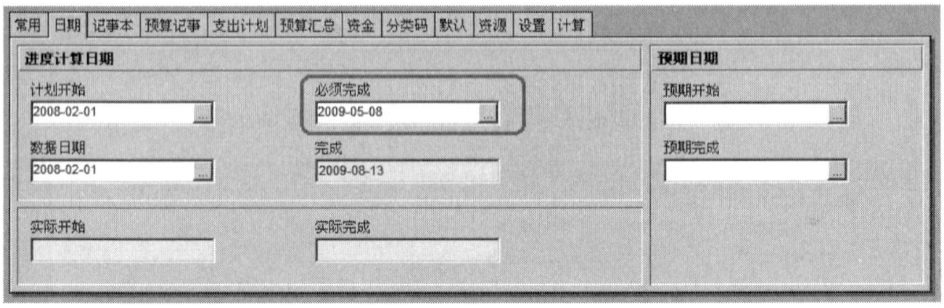

图 5.15

【步骤 7-3】 重新执行进度计算，找出出现负浮时的作业（图 5.16）。

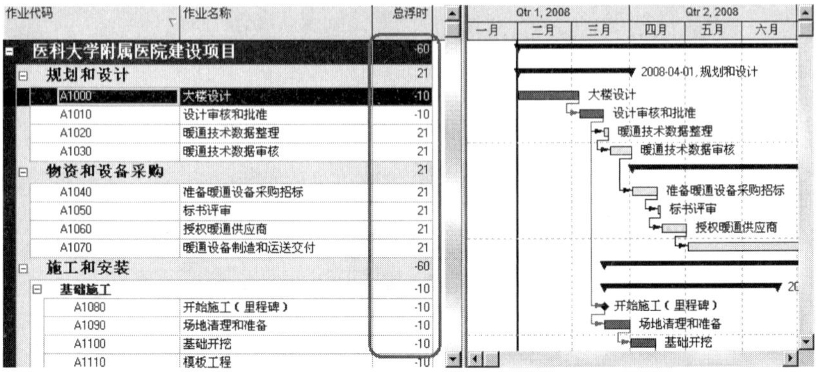

图 5.16

【步骤 7-4】 调整项目计划，消除负浮时。

（1）将作业“场地清理和准备”与“基础开挖”之间逻辑关系类型更改为 SS（开始

一开始），并且延时5天，如图5.17所示。

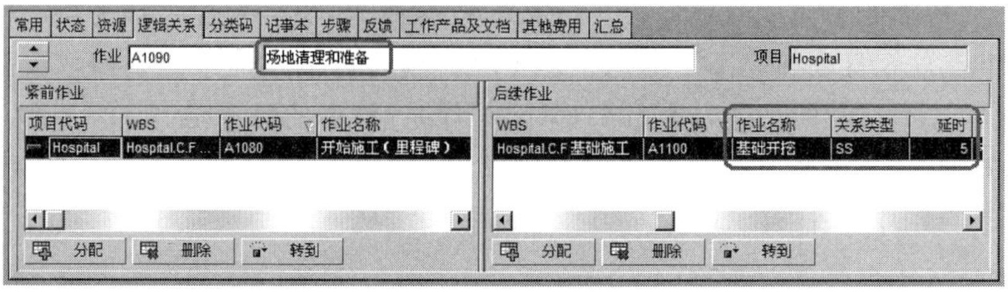

图5.17

（2）作业“模板工程”的原定工期更改为9天（图5.18）。

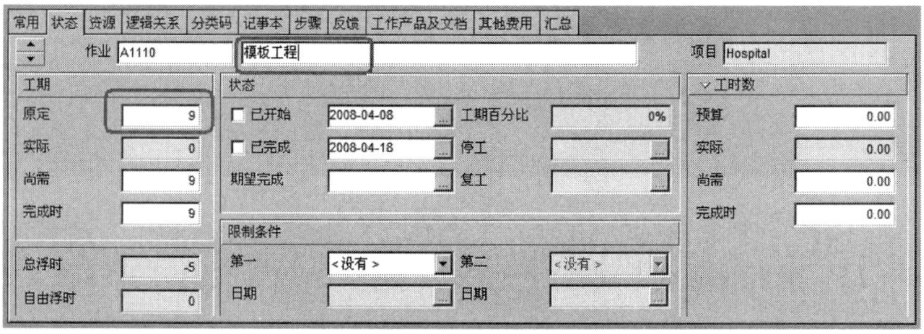

图5.18

（3）作业“混凝土浇筑”的原定工期修改为30天（图5.19）。

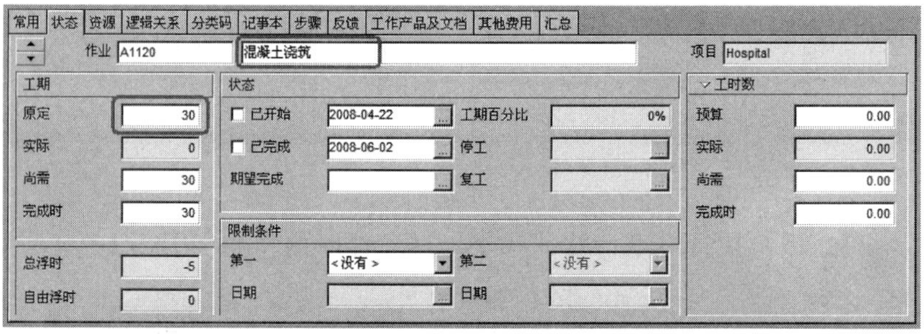

图5.19

（4）作业“搭建结构框架”的原定工期修改为36天（图5.20）

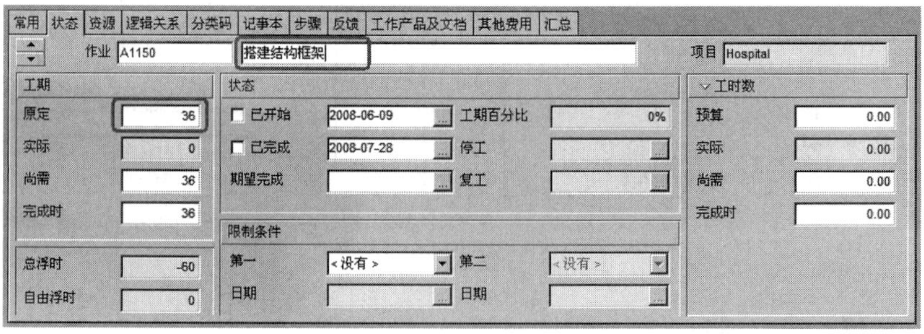

图5.20

（5）作业“第一层混凝土施工”的原定工期修改为53天（图5.21）。

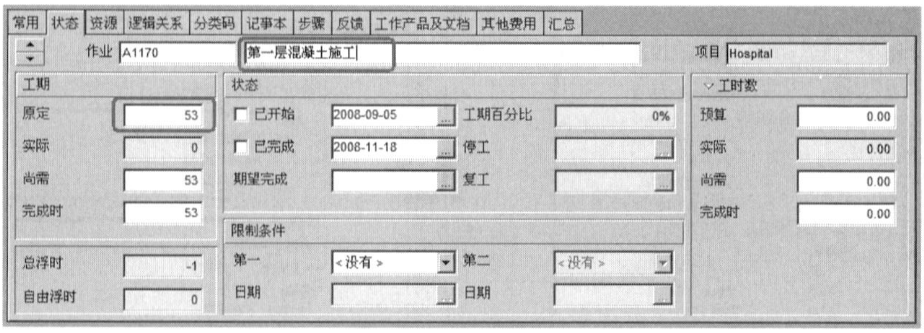

图 5.21

（6）将作业“暖通设备安装”与“管道安装”之间的逻辑关系类型修改为SS，并且延时15天，如图5.22所示。

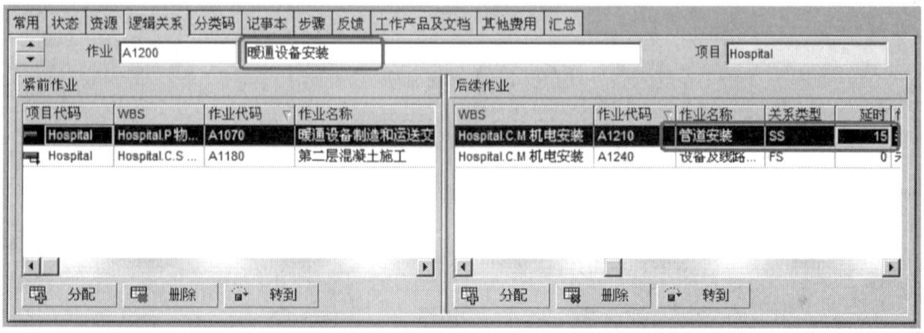

图 5.22

（7）将作业“管道安装”与“电缆和配线安装”之间的逻辑关系的类型修改为SS，并且延时15天，如图5.23所示。

图 5.23

【步骤7－5】 重新执行进度计算（图5.24），查看项目计划中是否还存在负浮时。如果仍然存在负浮时，查找原因。

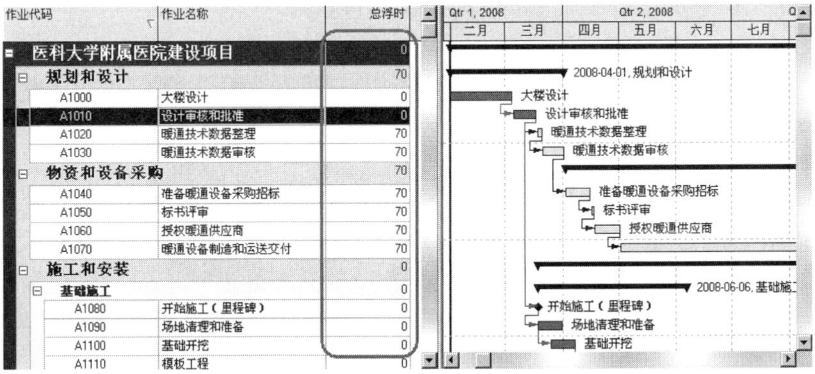

图 5.24

【步骤 8】　建立进度目标。

项目的进度计划编制完成后，为项目计划保存一个副本，作为项目的目标计划。

【步骤 8－1】　将当前的项目计划另存为一个副本，作为项目的目标计划，如图 5.25 所示。

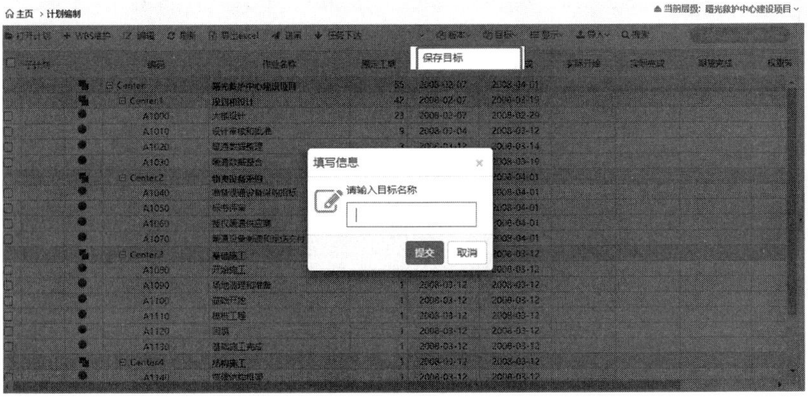

图 5.25

【步骤 8－2】　编辑项目目标计划的名称（图 5.26）。

【步骤 9】　填报实际进度。

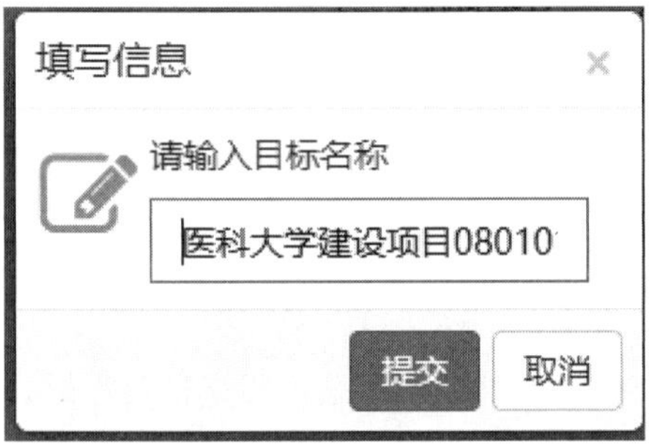

图 5.26

【步骤 9－1】　填报所有已经完成作业的实际开始时间和实际完成时间（图 5.27）。

【步骤 9－2】　填报所有正在进行中作业的实际开始时间和期望完成时间（图 5.28）。

【步骤 10】　定义资源库。

【步骤 10－1】　在管理类别窗口中定义材料资源所需要用到的计量单位（图 5.29）。

【步骤 10－2】　按图 5.30 所示创建资源，选择相应的资源类型。材料资源还要选择计量单位。

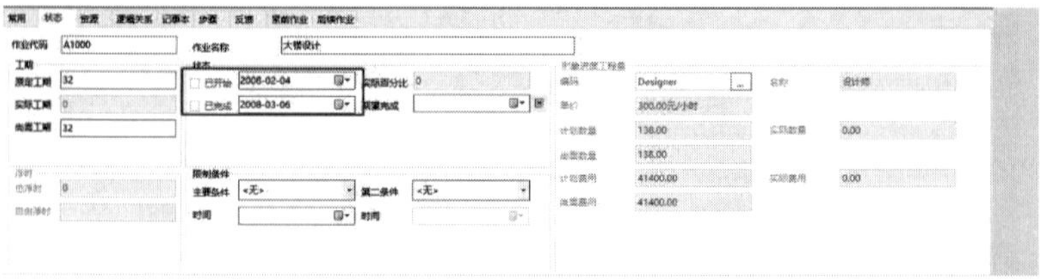

图 5.27

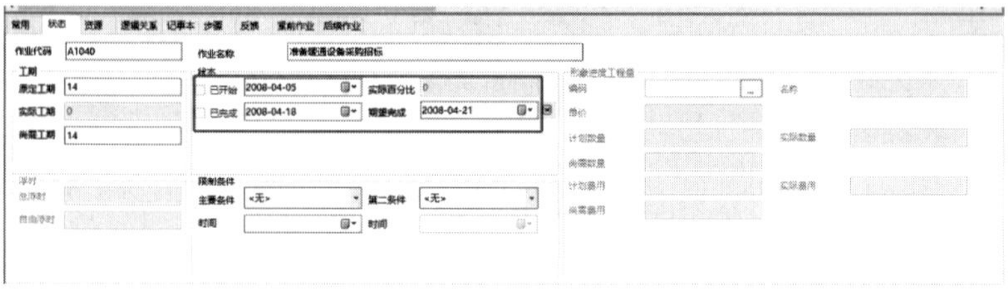

图 5.28

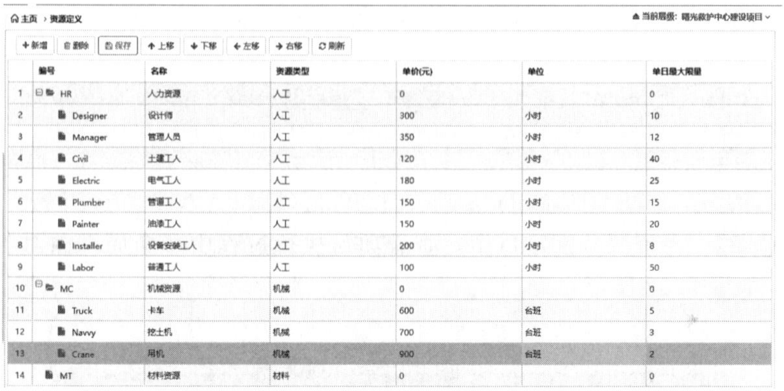

	编号	名称	资源类型	单价(元)	单位	单日最大限量
1	HR	人力资源	人工	0		0
2	Designer	设计师	人工	300	小时	10
3	Manager	管理人员	人工	350	小时	12
4	Civil	土建工人	人工	120	小时	40
5	Electric	电气工人	人工	180	小时	25
6	Plumber	管道工人	人工	150	小时	15
7	Painter	油漆工人	人工	150	小时	20
8	Installer	设备安装工人	人工	200	小时	8
9	Labor	普通工人	人工	100	小时	50
10	MC	机械资源	机械	0		0
11	Truck	卡车	机械	600	台班	5
12	Navvy	挖土机	机械	700	台班	3
13	Crane	吊机	机械	900	台班	2
14	MT	材料资源	材料	0		0

图 5.29

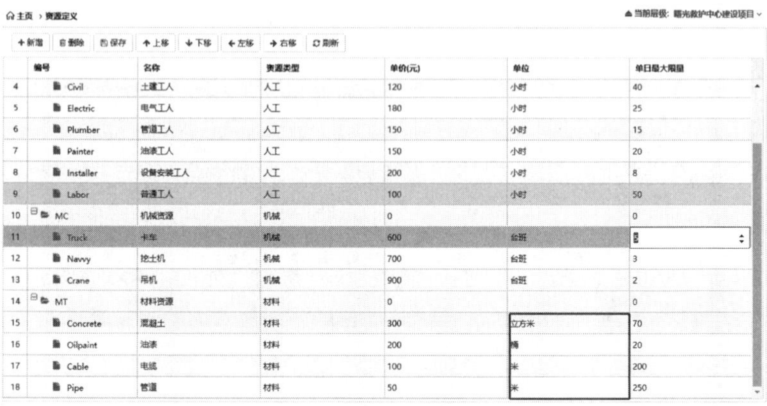

	编号	名称	资源类型	单价(元)	单位	单日最大限量
4	Civil	土建工人	人工	120	小时	40
5	Electric	电气工人	人工	180	小时	25
6	Plumber	管道工人	人工	150	小时	15
7	Painter	油漆工人	人工	150	小时	20
8	Installer	设备安装工人	人工	200	小时	8
9	Labor	普通工人	人工	100	小时	50
10	MC	机械资源	机械	0		0
11	Truck	卡车	机械	600	台班	[illegible]
12	Navvy	挖土机	机械	700	台班	3
13	Crane	吊机	机械	900	台班	2
14	MT	材料资源	材料	0		0
15	Concrete	混凝土	材料	300	立方米	70
16	Oilpaint	油漆	材料	200	桶	20
17	Cable	电缆	材料	100	米	200
18	Pipe	管道	材料	50	米	250

图 5.30

【步骤 11】 估算作业资源需求计划。

【步骤 11－1】 在作业详情表的资源页面中，为项目的每道作业分配所需的资源，并填写资源的预算数量，如图 5.31 所示。

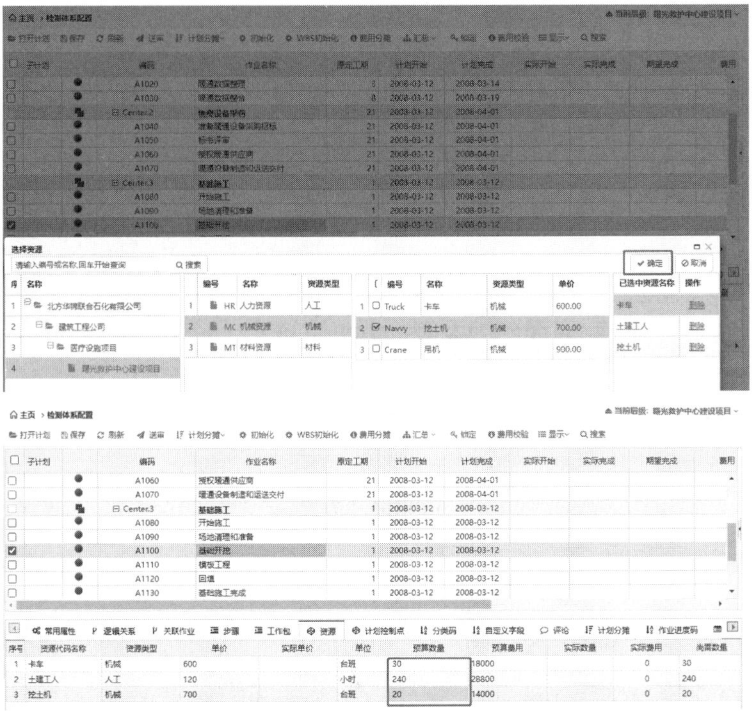

图 5.31

【步骤 11－2】 在资源分配窗口中，查看项目执行过程中每个周期内对各种资源的需求计划表格，如图 5.32 所示。

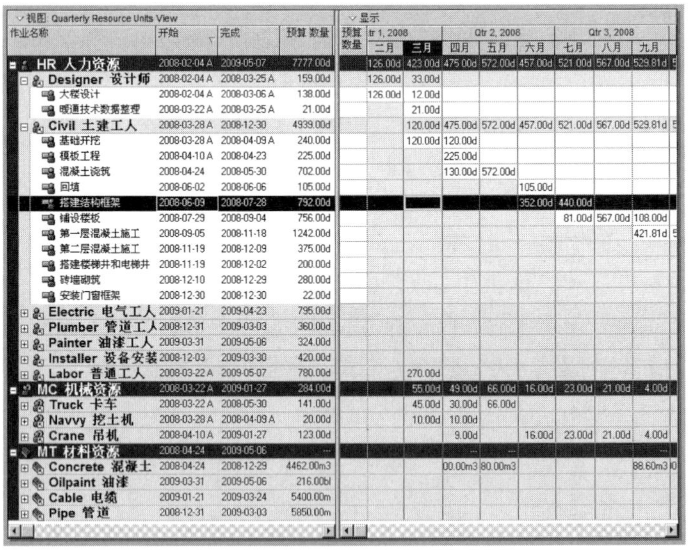

图 5.32

【步骤 12】 资源负荷分析与资源平衡。

找出项目执行过程所有使用超负荷的资源，对这些使用超负荷的资源进行分析，考虑平衡资源负荷的措施，消除资源使用冲突。

【步骤 12－1】 使用资源直方图，查看并分析在项目执行过程中哪些资源的使用已经超过了该资源的最大可用量，并找出出现资源冲突的时间段和资源冲突的原因（哪些作业在这个时段抢占该资源，导致了资源冲突，如图 5.33 所示）。

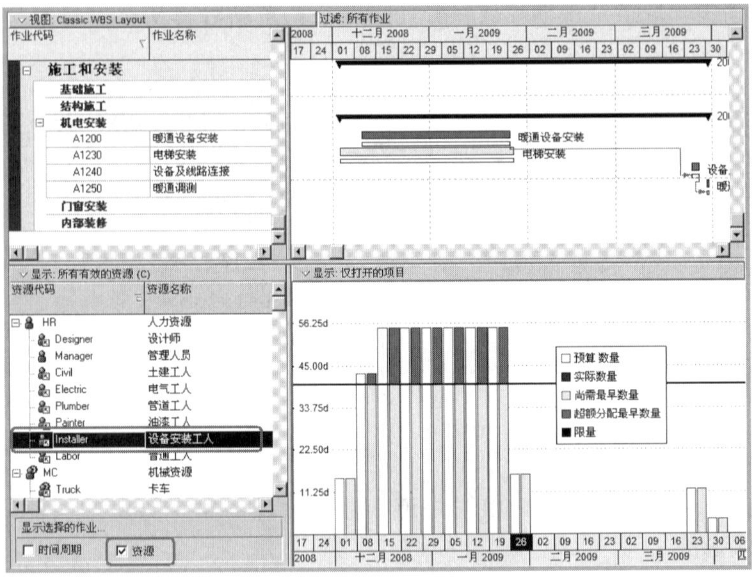

图 5.33

【步骤 12－2】 如图 5.33 所示，出现作业“设备安装工人”在 2008 年 12 月和 2009 年 1 月之间超负荷使用，其原因是作业“暖通设备安装”和作业“电梯安装”在该时段内抢用了该资源。因此只需要调整非关键作业“电梯安装”的开始时间，使其在“暖通设备安装”完成后再开始，即可消除资源“设备安装工人”的使用冲突。因此在作业“暖通设备安装”和“电梯安装”之间连接一个 FS 的逻辑关系，并执行进度计算，结果如图 5.34 所示，该资

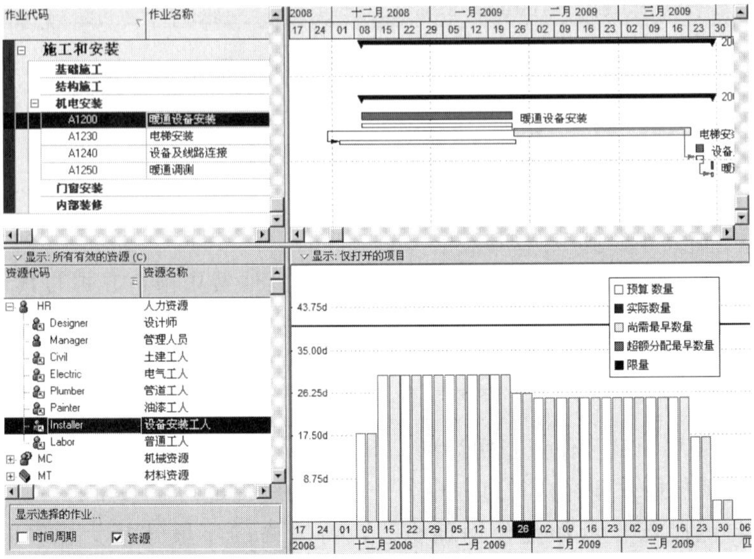

图 5.34

源已经消除了超负荷分配。

【步骤 13】 跟踪作业分配资源的实际使用量。

【步骤 13－1】 在项目窗口中选中“医科大学附属医院建设项目”，然后在该项目的详情表计算页面中，取消“工期完成百分比更新后，重新计算实际数量和费用”的选项，如图 5.35 所示。

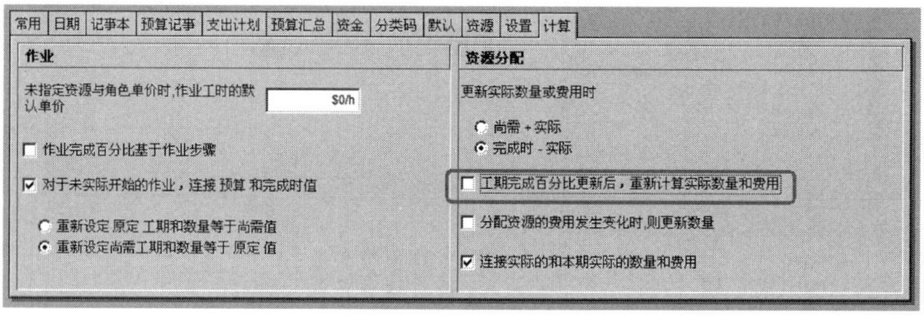

图 5.35

【步骤 13－2】 按表格内容，填写每道作业上分配的每个资源的实际数量和尚需数量，如图 5.36 所示。

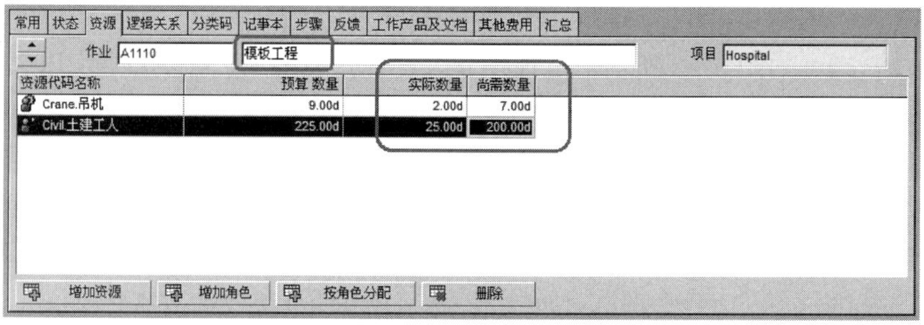

图 5.36

【步骤 13－3】 执行进度计算，然后在资源直方图中查看资源“土建工人”的实际消耗和计划使用量的对比，如图 5.37 所示。

【步骤 14】 估算作业成本费用。

【步骤 14－1】 按表 5.8 的内容为相关作业增加其他费用项，并填写其他费用的预算费用，如图 5.38 所示。

【步骤 14－2】 在作业表格中查看作业所有费用明细项及汇总金额是否正确（图 5.39）。

【步骤 15】 查看项目和作业费用计划。

查看并了解项目或作业在执行过程中各个时段内对资金的需求计划。

在作业窗口的底部显示作业使用剖析表，将表格的字段选择为预算总费用。如图 5.40 所示，查看每个月的资金使用需求计划。

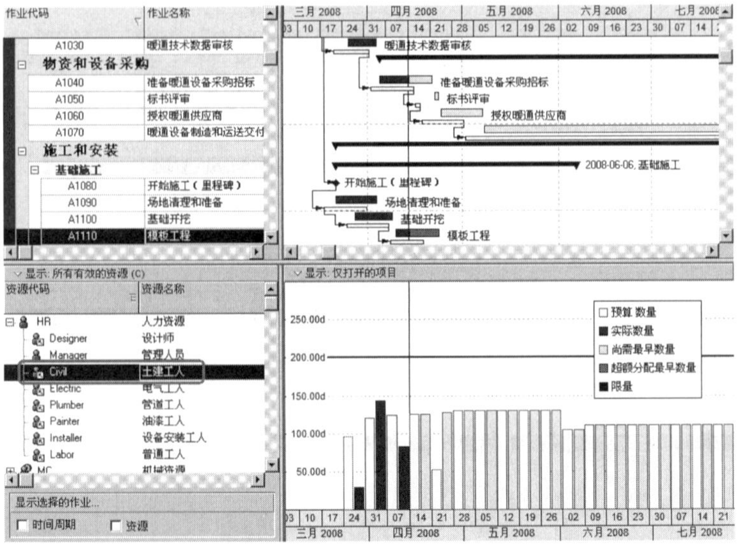

图 5.37

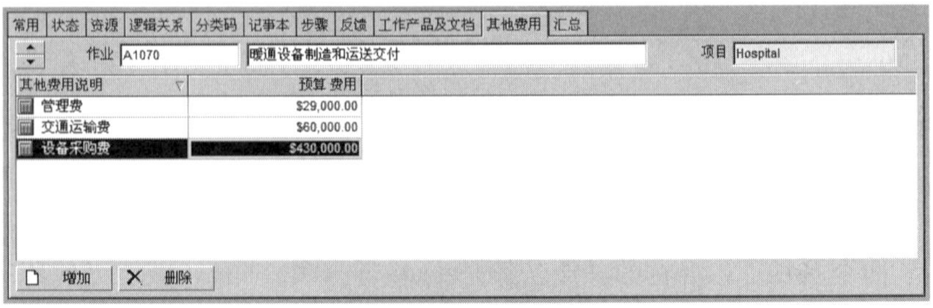

常用 | 状态 | 资源 | 逻辑关系 | 分类码 | 记事本 | 步骤 | 反馈 | 工作产品及文档 | 其他费用 | 汇总

作业 A1070 暖通设备制造和运送交付　项目 Hospital

其他费用说明	预算 费用
管理费	$29,000.00
交通运输费	$60,000.00
设备采购费	$430,000.00

增加　删除

图 5.38

视图: Classic WBS Layout　过滤: 所有作业

作业代码	作业名称	预算 人工费	预算 非人工费	预算 材料费用	预算 其他费用	预算 总费用
医科大学附属医院建设项目		$1,048,080.00	$209,300.00	$2,214,300.00	$635,000.00	$4,106,680.00
规划和设计		$47,700.00	$0.00	$0.00	$0.00	$47,700.00
A1000	大楼设计	$41,400.00	$0.00	$0.00	$0.00	$41,400.00
A1010	设计审核和批准	$0.00	$0.00	$0.00	$0.00	$0.00
A1020	暖通技术数据整理	$6,300.00	$0.00	$0.00	$0.00	$6,300.00
A1030	暖通技术数据审核	$0.00	$0.00	$0.00	$0.00	$0.00
物资和设备采购		$0.00	$0.00	$0.00	$635,000.00	$635,000.00
A1040	准备暖通设备采购招标	$0.00	$0.00	$0.00	$30,000.00	$30,000.00
A1050	标书评审	$0.00	$0.00	$0.00	$52,000.00	$52,000.00
A1060	授权暖通供应商	$0.00	$0.00	$0.00	$34,000.00	$34,000.00
A1070	暖通设备制造和运送交付	$0.00	$0.00	$0.00	$519,000.00	$519,000.00
施工和安装		$1,000,380.00	$209,300.00	$2,214,300.00	$0.00	$3,423,980.00
基础施工		$179,640.00	$106,700.00	$324,000.00	$0.00	$610,340.00
A1080	开始施工（里程碑）	$0.00	$0.00	$0.00	$0.00	$0.00
A1090	场地清理和准备	$27,000.00	$18,000.00	$0.00	$0.00	$45,000.00
A1100	基础开挖	$28,800.00	$32,000.00	$0.00	$0.00	$60,800.00
A1110	模板工程	$27,000.00	$8,100.00	$0.00	$0.00	$35,100.00
A1120	混凝土浇筑	$84,240.00	$48,600.00	$324,000.00	$0.00	$456,840.00
A1130	回填	$12,600.00	$0.00	$0.00	$0.00	$12,600.00
A1140	基础施工完成（里程碑）	$0.00	$0.00	$0.00	$0.00	$0.00
结构施工		$403,800.00	$66,600.00	$867,600.00	$0.00	$1,338,000.00
A1150	搭建结构框架	$95,040.00	$32,400.00	$0.00	$0.00	$127,440.00
A1160	铺设楼板	$90,720.00	$25,200.00	$0.00	$0.00	$115,920.00
A1170	第一层混凝土施工	$149,040.00	$0.00	$696,600.00	$0.00	$845,640.00
A1180	第二层混凝土施工	$45,000.00	$0.00	$171,000.00	$0.00	$216,000.00
A1190	搭建楼梯井和电梯井	$24,000.00	$9,000.00	$0.00	$0.00	$33,000.00
机电安装		$274,080.00	$36,000.00	$832,500.00	$0.00	$1,142,580.00
A1200	暖通设备安装	$40,800.00	$0.00	$0.00	$0.00	$40,800.00
A1210	管道安装	$54,000.00	$0.00	$292,500.00	$0.00	$346,500.00

图 5.39

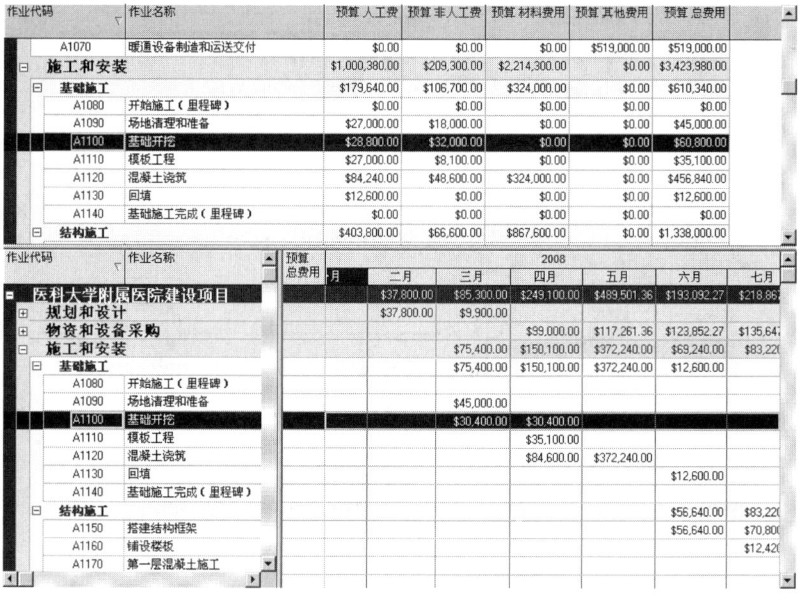

图 5.40

【步骤 16】 跟踪和分析作业上的实际成本支出。

跟踪和记录项目上实际使用和支出的每一笔费用，并记录到相应的作业资源上和作业其他费用上，以便及时发现费用的超支情况，采取有效控制项目成本的措施。假设当前项目已经开始了两个多月了，现在的日期已经是 2008 年 4 月 14 日，截至当前所有已经完成或正在进行中的作业上的费用实际支出情况见表 5.10。

表 5.10　　截至 2008 年 4 月 14 日作业费用明细表

作业名称	状态	资源或其他费用	实际费用支出/元	尚需费用/元
大楼设计	已完成	设计师	41,400.00	0.00
暖通技术数据整理	已完成	设计师	7,500.00	0.00
准备暖通设备采购招标	进行中	材料费	20,000.00	10,000.00
场地清理和准备	已完成	普通工人	27,000.00	0.00
		卡车	18,000.00	0.00
基础开挖	已完成	土建工人	27,600.00	0.00
		卡车	18,000.00	0.00
		挖土机	14,000.00	0.00
模板工程	进行中	土建工人	3,000.00	24,000.00
		吊机	1,800.00	6,300.00

【步骤 16-1】 由于作业的资源费用是可以通过资源的数量和单价自动计算得到的，因此不需要填写，可以在作业详情表的资源页面中查看到每个资源的实际费用支出情况和

尚需资源费用情况，如图 5.41 所示。

图 5.41

【步骤 16-2】 在作业详情表的其他费用页面中，填写作业“准备暖通设备采购招标”上其他费用的实际支出和尚需费用，如图 5.42 所示。

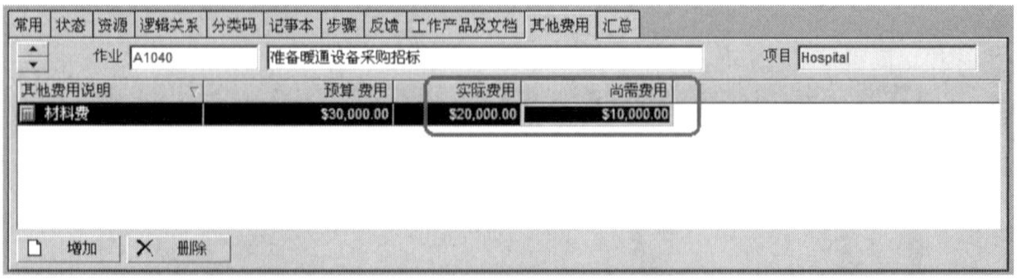

图 5.42

【步骤 16-3】 使用作业直方图和累计曲线查看和分析实际费用与计划费用情况（图 5.43）。

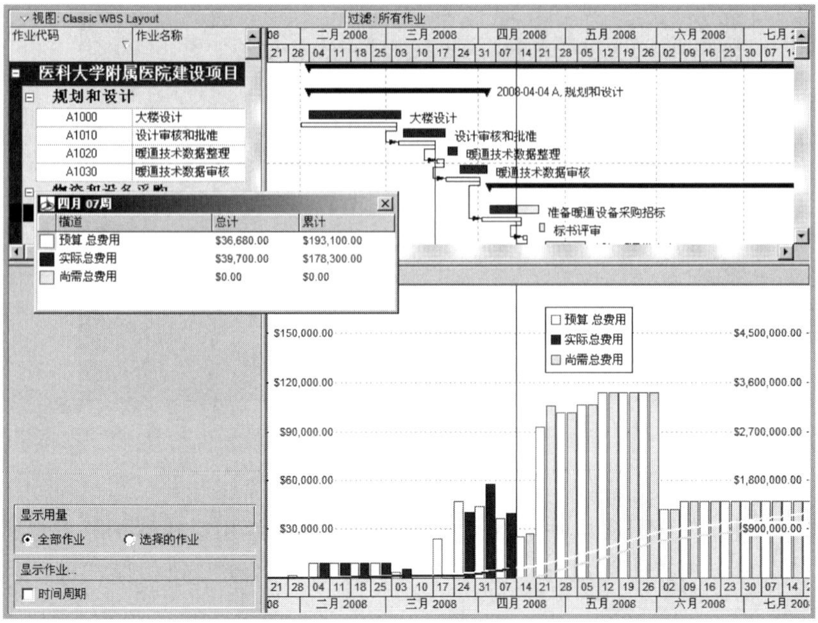

图 5.43

【步骤 17】 定义和使用费用科目来统计汇总项目费用。

按表 5.11 所示增加费用科目，并制作和查看费用科目报表。

表 5.11　　费用科目代码和名称

费用科目代码	费用科目名称	费用科目代码	费用科目名称
T	项目总费用	T. I. 1	暖通安装费
T. E	设计费	T. I. 2	电梯安装费
T. P	设备费	T. I. 3	电缆及管道
T. C	建筑费	T. D	装修费
T. I	安装费	T. Q	其他费

【步骤 17-1】 按表 5.11 内容创建费用科目编码结构（图 5.44）。

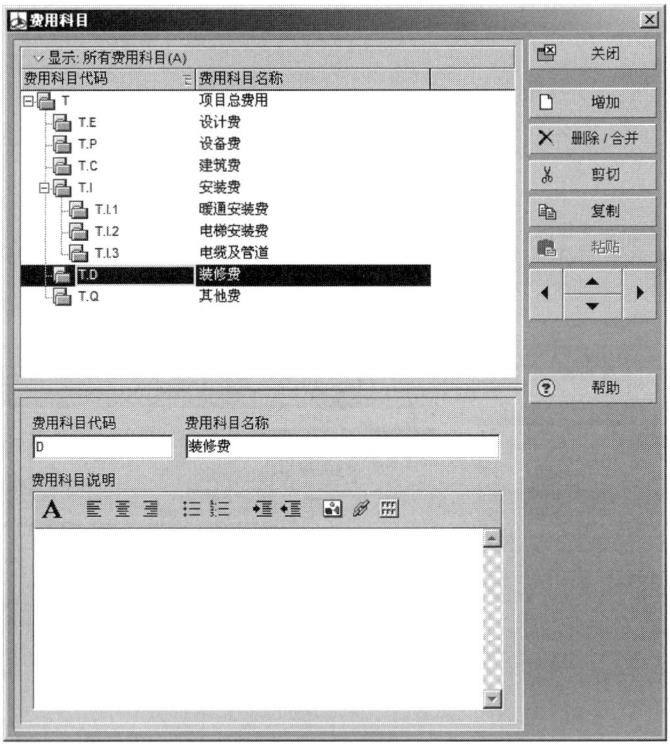

图 5.44

【步骤 17-2】 在分配窗口中，将每项资源费用分摊到相应的费用科目上（图 5.45）。

【步骤 17-3】 在其他费用窗口中，将每项其他费用分摊到相应的费用科目上（图 5.46）。

【步骤 17-4】 制作报表，按费用科目汇总查看项目的预算和实际费用（图 5.47）。

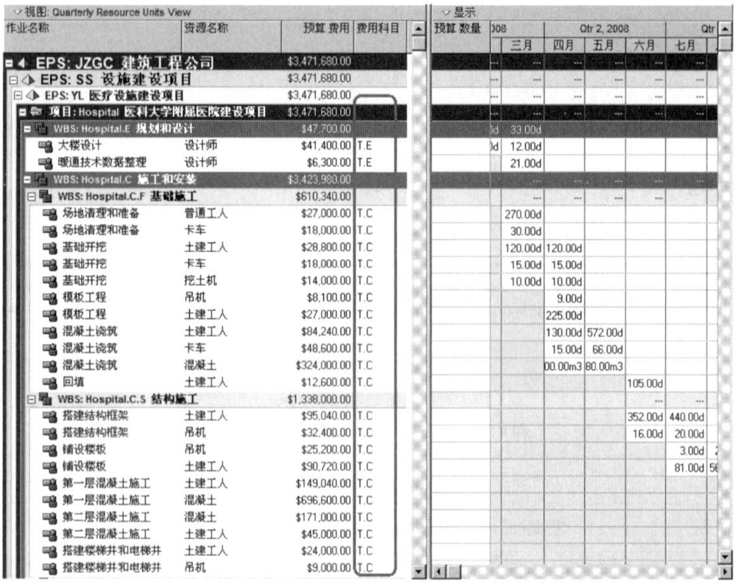

图 5.45

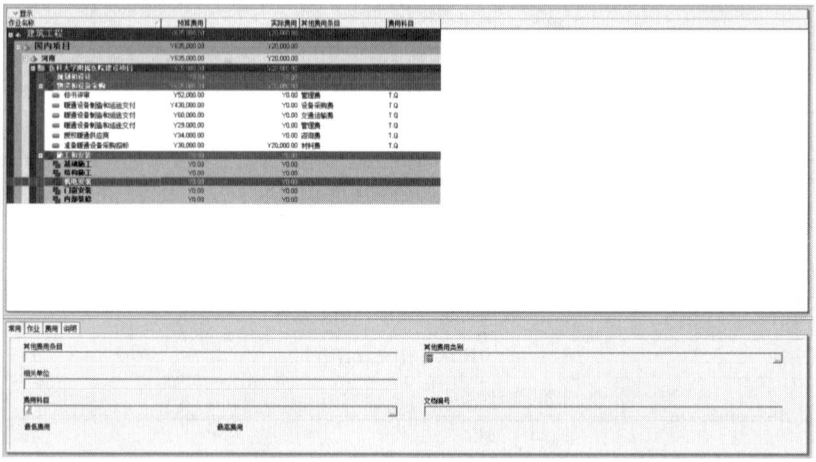

图 5.46

医科大学附属医院建设项目

项目费用科目报表

费用科目代码	费用科目名称	预算人工费用	预算非人工费用	预算材料费用	预算其他费用	预算费用	实际人工费用	实际非人工费用	实际材料费用	实际其他费用
T	项目总费用	Y1,048,080.00	Y209,300.00	Y2,214,300.00	Y635,000.00	Y4,106,680.00	Y106,500.00	Y51,800.00	Y0.00	Y20,000.00
T.E	设计费	Y47,700.00	Y0.00	Y0.00	Y0.00	Y47,700.00	Y48,900.00	Y0.00	Y0.00	Y0.00
T.P	设备费	Y0.00	Y0.00	Y0.00	Y0.00	Y0.00	Y0.00	Y0.00	Y0.00	Y0.00
T.C	建筑费	Y677,700.00	Y173,300.00	Y1,338,600.00	Y0.00	Y2,189,600.00	Y57,600.00	Y51,800.00	Y0.00	Y0.00
T.I	安装费	Y274,080.00	Y36,000.00	Y832,500.00	Y0.00	Y1,142,580.00	Y0.00	Y0.00	Y0.00	Y0.00
T.I.1	暖通安装费	Y41,600.00	Y0.00	Y0.00	Y0.00	Y41,600.00	Y0.00	Y0.00	Y0.00	Y0.00
T.I.2	电梯安装费	Y40,000.00	Y36,000.00	Y0.00	Y0.00	Y76,000.00	Y0.00	Y0.00	Y0.00	Y0.00
T.I.3	电缆及管道	Y192,480.00	Y0.00	Y832,500.00	Y0.00	Y1,024,980.00	Y0.00	Y0.00	Y0.00	Y0.00
T.D	装修费	Y48,600.00	Y0.00	Y43,200.00	Y0.00	Y91,800.00	Y0.00	Y0.00	Y0.00	Y0.00
T.Q	其他费	Y0.00	Y0.00	Y0.00	Y635,000.00	Y635,000.00	Y0.00	Y0.00	Y0.00	Y20,000.00

图 5.47

5.8 评价反馈

评价包括学生自评（占50%）和教师评价（占50%）两部分，学生自评表和教师评价表见表5.12和表5.13。

表5.12 学生自评表

班 级		姓 名		学 号	
学习任务5	建筑工程项目管理软件应用				
评价项目	评价标准			分值	得分
①软件登录	利用账号快速登录，熟练设置基本参数			20	
②创建EPS—项目	熟练利用软件创建企业项目结构和创建项目			20	
③创建WBS—作业	熟练录入工作分解结构，建立正确的作业关系			20	
④优化进度计划	快速利用限制条件，生成最优进度计划			20	
⑤生成相关图表	准确生成进度计划图，实际进度执行图			20	
合 计				100	

表5.13 教师评价表

班 级		姓 名		学 号	
学习任务5	建筑工程项目管理软件应用				
评价项目	评价标准			分值	得分
①平时表现	出勤、课堂表现			40	
②成果评价	生成进度计划图、相关报告			30	
③小组表现	团队合作完成任务			30	
合 计				100	

5.9 相关知识点

Oracle prilnavera P6是一款优秀的进度管控软件，凭借其强大的功能、可操作性强、稳定性高等优势，自推出到今天，已有30年历史，在国内外工程领域都占有很大市场，有很大的用户基础。

PPE是普华自主研发的进度管控系统，拥有自主的进度引擎，实现了P6最核心的功能，并结合企业进度管控模式，做了一些创新，如多级计划、权重体系等，弥补了一些P6应用的不足之处，形成了完整的计划管理体系闭环系统，应用性更强。产品设计思路如下：

（1）WBS策划—范围管理。以交付物为对象，对项目的范围进行策划；以顶层PSWBS为基础按照管理专业或发包计划向下层层细化，形成整个项目由粗到细的工作包划分结构，实现项目责任体系与工作体系（WBS）的有机结合。

（2）统筹指挥的抓手。满足不同层次管理者对计划细化程度的要求；把项目业主对进度的要求（控制点）逐层向下传达；实现控制总包/分包计划于项目业主计划的时间框架之内；打造业主管控项目的“抓手”，构建“指挥系统”。

（3）进度逻辑性的保证。末级计划采用CPM不仅能完整地展现项目的全部工作及相互之间的关系，还能突出项目的关键工作，做到有的放矢；末级计划CPM的应用，确保了上层各级计划的联动效果，使各级项目管理人员能依照计划执行情况，对未来进行有效的预测、监督和控制。

（4）进度测量的基础。实现项目进度控制和评价指标的统一；用定量的、统一的度量衡来评测各种不同工作任务的“工作分量”；让进度回归于本质，反映实实在在的“完成工作分量”，避免将投资完成金额、实物完成量等片面地误读为项目“进度”。

（5）项目绩效衡量的标准。周期性检测项目的进展情况并进行分析评价；通过周期性进展情况检测，获得实际进展（进度）与原计划之间的差异情况，分析这种差异的性质及对后续工作的影响情况，为进度管控提供决策依据。